土建施工装备操作使用与维护保养

张俊海　吴立辉　徐　涛　主　编

中国矿业大学出版社
·徐州·

内容简介

本书紧贴地下工程土建施工骨干人员岗位实践能力，规范隧洞工程施工的主要装备操作使用与维护保养技能，强化施工装备专业素养，以地下工程硐室开挖、衬砌浇筑为主线，重点介绍了螺杆压缩机、气动凿岩机、平板夯、路面切割机、钢筋弯曲机、混凝土搅拌机、混凝土振动器等建筑装备的基本知识、操作方法、操作要求和维护保养要点。

图书在版编目(CIP)数据

土建施工装备操作使用与维护保养/张俊海，吴立辉，徐涛主编. —徐州：中国矿业大学出版社，2021.12

ISBN 978-7-5646-4664-6

Ⅰ. ①土… Ⅱ. ①张… ②吴… ③徐… Ⅲ. ①土木工程—工程施工—建筑设备—操作②土木工程—工程施工—建筑设备—保养 Ⅳ. ①TU607

中国版本图书馆 CIP 数据核字(2020)第 180508 号

书　　名　土建施工装备操作使用与维护保养
主　　编　张俊海　吴立辉　徐　涛
责任编辑　徐　玮
出版发行　中国矿业大学出版社有限责任公司
（江苏省徐州市解放南路　邮编 221008）
营销热线　(0516)83885105　83884103
出版服务　(0516)83995789　83884920
网　　址　http://www.cumtp.com　**E-mail**:cumtpvip@cumtp.com
印　　刷　徐州中矿大印发科技有限公司
开　　本　787 mm×1092 mm　1/16　**印张** 5.25　**字数** 103 千字
版次印次　2021 年 12 月第 1 版　2021 年 12 月第 1 次印刷
定　　价　22.00 元

本书编委会

主　编　张俊海　吴立辉　徐　涛

副主编　刘　坤　崔春之　谭仪忠

陈松洲　孟建霞

参　编　汪　雷　万银忠　陈麒儒

王朝旭　左　洵　鹿　慧

贺恒星　彭莊威　吴　丹

前　言

根据学校课程建设发展规划，为紧贴建筑保障和岗位任职的需求，聚焦主责主业，结合多年任职培训实践经验，对工程维护、建筑安装、抢建抢修等专业训练进行规范，全面提高建筑岗位人员的能力素质，组织编写了任职培训教材《土建施工装备操作使用与维护保养》。

本教材按照"聚焦岗位、夯实基础、理实一体、能力为本"的思路，紧贴土建施工骨干人员专业装备操作技能，有效规范土建装备使用方法，切实增强建筑装备保障能力，是建筑装备操作使用、工程建筑装备操作使用等专业的基础教材，可供土建施工人员学习，也可供其他工程相关的施工、教学、训练和管理等人员参考使用。

本教材共分七章，第一章移动式螺杆压缩机，包括概述、使用方法、维护保养；第二章气腿式凿岩机，包括概述、使用方法、维护保养；第三章平板夯，包括概述、使用方法、维护保养；第四章路面切割机，包括概述、使用方法与保养、柴油机的操作与技术维护；第五章钢筋弯曲机，包括概述、操作要点、质量要求、构造与使用、维护保养；第六章混凝土搅拌机，包括概述、使用、维护保养；第七章混凝土振动器，包括概述、使用要点、维护保养。

本教材由张俊海、吴立辉、徐涛担任主编。各章节编写分工如下：第一章由张俊海、刘坤、万银忠编写；第二章由汪雷、陈麒儒、王朝旭编写；第三章由徐涛、陈松洲、左淘编写；第四章由谭仪忠、孟建霞、鹿慧编写；第五章由崔春之、贺恒星编写；第六章由张俊海、彭芘威编写；第七章由张俊海、吴丹编写。本教材已经过教学试用，并由刘军、夏逸平、张大瑞进行了审读。

本教材在编写过程中，参考了有关专家著作，得到了相关专家、老师的大力支持和帮助，在此一并表示诚挚感谢！

由于编者水平有限，难免存在诸多不足之处，恳请广大读者提出宝贵意见。

编　者

2021 年 9 月 12 日

目　　录

第一章　移动螺杆压缩机 …… 1
第一节　概述 …… 1
第二节　使用方法 …… 7
第三节　维护保养 …… 9

第二章　气腿式凿岩机 …… 21
第一节　概述 …… 21
第二节　使用方法 …… 24
第三节　维护保养 …… 29

第三章　平板夯 …… 33
第一节　概述 …… 33
第二节　使用方法 …… 35
第三节　维护保养 …… 37

第四章　路面切割机 …… 41
第一节　概述 …… 41
第二节　使用方法与保养 …… 42
第三节　柴油机的操作 …… 44
第四节　柴油机的技术维护 …… 47

第五章　钢筋弯曲机 …… 51
第一节　概述 …… 51
第二节　钢筋弯曲机操作要点和质量要求 …… 58
第三节　钢筋弯曲机的构造与使用 …… 59
第四节　钢筋弯曲机的维护保养 …… 61

第六章　混凝土搅拌机 …………………………………………………… 64
第一节　概述 …………………………………………………………… 64
第二节　混凝土搅拌机的使用 ……………………………………… 65
第三节　混凝土搅拌机的维护保养 ………………………………… 68

第七章　混凝土振动器 …………………………………………………… 69
第一节　概述 …………………………………………………………… 69
第二节　振动棒的使用要点 ………………………………………… 72
第三节　维护保养 …………………………………………………… 74

参考文献 ………………………………………………………………… 77

第一章　移动螺杆压缩机

第一节　概　　述

一、安全提示

移动螺杆压缩机(图 1-1)机组投入使用前,操作人员必须认真阅读说明书及柴油机使用保养说明书,使机组从开始使用时就能得到正常的保养。

预防性保养周期表是维护保养的总结,必须按规定正常进行。

定期大修及重点检查时,要按说明指示操作,并详细记录运转时间、保养效果、油耗量、修理项目及内容等。

压缩机的操作人员必须具有安全工作经验,使用者有责任使压缩机在安全工作环境下运转,一切不符合安全运转的零部件必须更换。操作和维修压缩机只能由受过训练的专业人员来进行。

图 1-1　移动螺杆压缩机

二、技术参数

(一) 基本数据

1. 压力

① 压缩机无载运行时储气罐压力　　0.2 MPa

② 柴油机油压　　0.35～0.50 MPa

2. 安全开关与安全阀的整定值

① 压缩机排气温度开关　　120 ℃

② 柴油机水温度开关　　95 ℃

③ 柴油机油压开关　　0.1 MPa

④ 安全阀开启压力　　0.86 MPa±0.02 MPa

3. 排气阀规格与数量

① 球阀　G1/1/2　　1 只

② 球阀　G3/4　　4 只

（二）压缩机

① 压缩机型号　　LGFYD92/841A

② 排气量　　9.48 m^3/min

③ 额定工作压力　　0.7 MPa

④ 轴功率　　73 kW

⑤ 排气温度　　+50 ℃

（三）配套柴油机

① 柴油机型号　　BF4L413FR

② 额定功率(12 h)　　92 kW

③ 转速(高/低)　　2 150/900 r/min

④ 燃油油耗率　　≤250 g/(kW·h)

⑤ 机油压力　　0.35～0.50 MPa

（四）机组

① 噪声(声功率级)　　≤116 dB(A)

② 供气含油量　　5～20 mg/m^3

③ 外形尺寸　　4 370 mm×1 650 mm×1 675 mm

④ 质量　　1 860 kg

⑤ 牵引速度　　≤25 km/h

三、结构功能

（一）工作原理

本机是一种动力用低噪声移动式螺杆压缩机，额定工作压力为 0.7 MPa，压缩机由风冷式四冲程柴油机驱动。

压缩机壳体内有一对经过精密加工的相互啮合的阴阳转子，其中阳转子有 4 个齿，阴转子有 6 个齿，柴油机通过弹性联轴节和一对增速齿轮驱动阳转子，再由阳转子带动阴转子，喷入的油与空气混合，在转子齿槽间被有效压缩，油在转子齿槽间形成一层油膜，可避免金属与金属直接接触并密封转子各部分的间隙和吸收大部分的压缩热量。

阴转子再通过齿轮驱动风扇，风扇由罩壳罩住迫使空气流通过油冷却器。

压缩机壳体的进油腔处装有断油阀，防止停车后油从系统中流入压缩机壳体内。

在压缩机排气端轴承座的排气口处装有单向阀，防止停车后压缩空气返回壳体内。

从压缩机排出的油气混合物在兼做油箱和储气罐用的油气分离器中，用旋风分离的方法粗分离出大部分油，剩余油经滤芯做进一步的精分离而沉降下来。

系统中无油泵，靠储气罐/油分离器中的压力将油压送至各润滑点。

储气罐/油分离器出口处装有最小压力阀，其作用是即使全开排气阀的情况下，也能防止储气罐/油气分离器中气压降至 0.4 MPa 以下，这在低压工作时是必不可少的，可降低油耗量。当压缩机与总管相连时，最小压力阀还可起单向阀的作用，防止气体倒流。

本机设置有压力和温度安全开关，以保护柴油机和压缩机免受过热或油压过低的损害。24 V 负极接地的电气系统用于柴油机的启动和安全停车系统。

柴油机装在底盘上，中间垫 3 只减震器，底盘主梁是两根方管，被用作柴油箱，且设置有通气管。牵引杆和后方防护板与底盘相连，牵引杆上有一可收缩的撑脚，停放压缩机时，以此做支撑。

本机车棚内衬有消声材料，保证机组噪声在距机组 7 m 处不大于 116 dB(A)，供燃烧和压缩用的空气从车棚中间的孔道吸入。压缩机冷却用空气在通过油冷却器后由前部百叶窗排出，供柴油机冷却用空气由车棚上部的孔道排出。

伸出车棚顶部的起吊环用于吊运整个机组。

压力表、报警开关等仪表控制元件集中装在仪表控制柜中，车棚内相对应的边门上装有一扇观察用的小门。

（二）气路系统

气路系统(图 1-2)包括下列部件：空气滤清器、减荷阀、压缩机、单向阀、储气罐/油气分离器。

空气通过空气滤清器及减荷阀进入压缩机而被压缩，在压缩机出口处，压缩空气与油的混合物通过单向阀进入储气罐/油气分离器，使绝大部分的油以旋风分离的方法分离出来并沉降到储气罐底部，空气及少量剩余的油再通过滤芯被进一步精滤，油聚集于分离器滤芯的底部，利用压差关系通过回油管抽回到压缩机油滤清器后，压缩空气经过最小压力阀通至排气阀。

（三）油路系统

油路系统（图 1-2）包括下列部件：油箱（储气罐/油气分离器 AR）、油冷却器、油过滤器、断油阀。

储气罐/油气分离器的下部做油箱用，储气罐中的气压迫使热油依次通过软管、油冷却器、节流板、油过滤器及断油阀到达压缩机壳体底部油槽，主要用作转子的润滑、冷却和密封，滚动轴承、增速齿轮的润滑油是由机壳内部通道分流至各润滑点的油。喷入机体内的油与空气混合，被压缩，再通过单向阀重新进入储气罐，集中于滤芯底部的少量油，通过带限流管接头（Rf1）的油管，抽回到油过滤器后的管路中。

节流板安装在滤油器与滤油器座之间，起定量供油作用。

断油阀装在压缩机机壳下部油槽处，在机器停车后，阀关闭，防止油涌入机壳内。此阀利用压缩机排气口的气压打开。因此机器正常运行时，断油阀始终打开。

油过滤器带有旁通阀，当滤芯阻塞，油过滤器的压力降超过规定值时，旁通阀开启，油就不经过滤芯，在未曾过滤的情况下进入润滑点。此时，轴承、齿轮及转子将加速磨损，因此必须定期更换油过滤器。

（四）气量调节系统

气量调节系统（图 1-2）包括下列部件：压力调节器、调速器、减荷阀、加载电磁阀。

本系统可对压缩空气的输出进行 0～100％的无级调节，以满足用户需要。此项任务由两套机构联合动作完成。

（1）控制柴油机的速度在最高和最低之间无级调节。

（2）控制减荷阀门的开度在全开和全闭之间无级调节。

因为螺杆式压缩机是容积式压缩机，因此排气量与回转速度大致成正比。如需要的空气量相当或大于额定排气量，则调速器控制柴油机以最高速度运行。如需要的空气量小于额定排气量，压力调节器会动作，向调速器和减荷阀提供控制空气，此时，调速器将随压力调节器开度的增大而逐渐降低柴油机转速；而减荷阀门也将同步逐渐关小。联合动作的结果使储气罐内的压力保持在 0.6～0.7 MPa之间。当储气罐内的压力增至 0.7 MPa 时，减荷阀门将完全关闭，此种情况是在完全不需要压缩空气时发生。柴油机速度降至最低，压缩机进入空载运行。当恢复用气时，减荷阀门将逐渐开启。

调节器的开启压力整定为 0.7 MPa，超过此值后，入口压力每增高 0.01 MPa，其减压后的出口压力将增高 0.02 MPa。可通过调节轮改变其整定值，保持进出口压力之间的比例不变。

调速器有一个活塞和一个柱塞，活塞和柱塞的槽中嵌入橡胶“O”形圈和四氟乙烯密封圈，保证密封良好且摩擦阻力小。活塞通过一根可调的连杆及球面接头与柴油机速度控制杆相连，行程为 45 mm。停机时弹簧使活塞和速度控制杆处在最低速度位置。压缩机工作时，柱塞受储气罐内压力的作用，处于其行程末端的位置上，当减压气体空间中无压力，则速度控制杆处于最高速度位置；当调节器开启后，其出口压力进入减压气体空间，迫使活塞反向动作，降低柴油机速度。储气罐内压力的波动是由空气需求量的变动而引起，同时也使调节器的出口压力发生变化。出口压力增高，柴油机速度下降。

当调节器开启后，其出口压力气体同时进入减荷阀空间，迫使减荷阀门动作，节制空气吸入量。

仪表控制柜面板上装有加载按钮，在压缩机已经启动，空载运行正常的情况下，将旋钮旋至加载位置，减荷阀门打开，压缩机开始负荷运行。为使压缩机得到充分的润滑，必须使系统内始终保持有压力，当供气量为零时，减荷阀门虽处于关闭位置但并不完全密封，还有少量空气被吸入而压缩，致使储气罐内的压力逐渐升高，最终将导致安全阀泄放，因此需将等量空气通过放气阀排至压缩机进气口处，以保持储气罐内的压力不变。

（五）电气系统及仪控装置

1. 电气系统

机组配备直流 24 V 负极接地的电气系统，主要包含：两个 DC12 V 电瓶串联（E24 V），型号 6-Q-105Ah；一台交流发电机；启动电机。

2. 仪表指针显示系统

（1）压缩机排气温度 0～150 ℃；

（2）压缩机排气压力 0～1.6 MPa；

（3）柴油机润滑油压力 0～0.5 MPa；

（4）柴油机油温 50～150 ℃；

（5）充电电流表－30 A～±30 A；

（6）积时钟 0～9 999.9 h。

3. 安全装置

（1）压缩机排气温度开关设定上限为 100 ℃；

（2）柴油机油温开关设定上限为 130 ℃；

（3）柴油机润滑油油压开关设定下限为 0.12 MPa；

（4）加载电磁阀（带插座）两位三通，气量调节由电磁阀控制减荷阀来控制气量。以上项目连接到仪表控制柜。

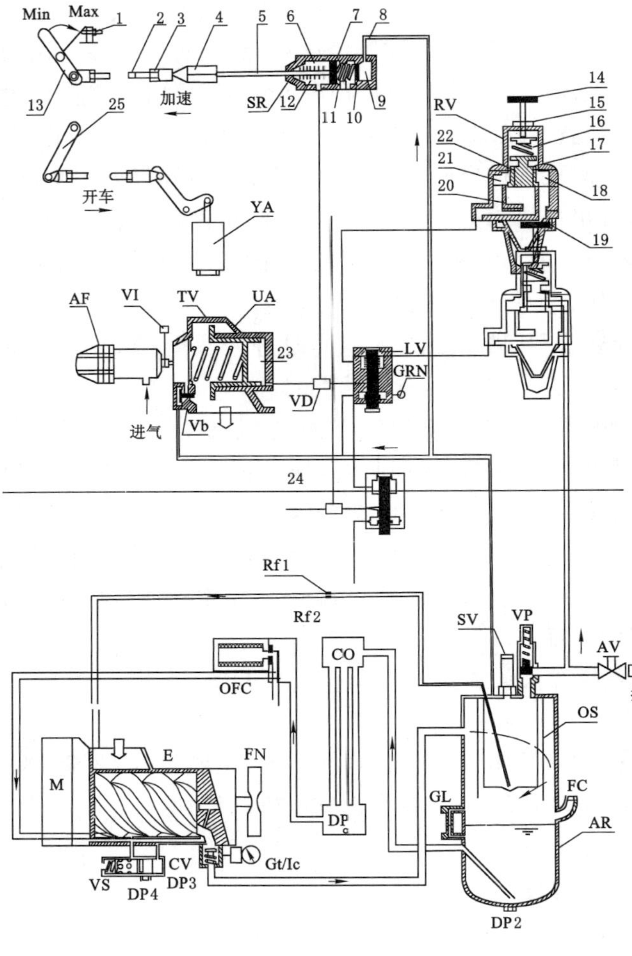

AF—空气滤清器；GL—油位表；SV—安全阀；AR—储气罐/油分离器；GRN—气压表；TV—减荷阀门；AV—排气阀；Gt/Ic—排气温度表/安全开关；UA—减荷阀；CO—油冷却器；Vb—通气阀；CV—单向阀；LV—电磁阀；VD—通气口；DP—油冷却器放油塞；M—柴油机；VI—真空指标器；DP2—储气罐放油塞；OFC—油过滤器；VO—放气阀；DP3—单向阀放油塞；OS—油分离芯子；VP—最小压力阀；DP4—断油阀放油塞；Rf1—限流管接头；VS—断油阀；E—压缩机；Rf2—限流板；YA—停车电磁块；FC—注油塞；RV—调节阀；FN—风扇；SR—调速器；1—最高速度限位螺栓；2—调速器连杆；3—球面接头防松螺母；4—球面接头；5—活塞杆；6—减压气体空间；7—活塞；8—柱塞回复弹簧；9—储气罐压力空间；10—柱塞；11—最低速度限位螺栓；12—活塞回复弹簧；13—柴油机速度控制杆；14—工作压力调节轮；15—调节轮防松螺母；16—弹簧；17—减压气体空间；18—储气罐压力空间；19—控制用空气过滤器；20—钢球及阀座；21—下膜片；22—上膜片；23—减荷阀空间；24—回油管；25—柴油机停车控制杆。

图 1-2　气路、油路和气量调节系统图

4. 仪表控制柜

仪表控制柜配上控制元件，完成压缩机的启动/停止，压缩机的加载/减载，系统故障保护联锁，监测压缩机的运行状态。

5. 系统连接方法

具体系统连接方法按机器要求连接。

第二节　使用方法

一、工作过程

（一）启动

无论排气阀处于打开或是关闭位置，都能启动压缩机。

启动前，调速器使柴油机速度控制杆处于最低速位置，减荷阀门和通气阀是开启的，加载旋钮处于减载位置，最小压力阀是关闭的。

柴油机启动后，空气被吸入压缩机，储气罐/油分离器中开始升压。

空气从储气罐出来，进入调速器空间，同时通过电磁阀进入减荷阀空间和调速器空间，此时，柱塞移至行程末端，柴油机速度控制杆处于最低速位置处，减荷阀门开始关闭。

当压力达到 0.2 MPa 左右时，减荷阀门关闭，放气阀开启。此时，一定量的空气通过通气阀和放气阀被放空，压缩机以最低速度空载运转。如果加载旋钮旋至加载位置，空载运转就会一直继续下去。

（二）压缩过程开始

将加载按钮旋至加载位置后，减荷阀空间和调速器空间中的压缩空气就通过通气口排入大气中，此时，减荷阀门开启，放气阀关闭，柴油机速度控制杆处于最高速度位置处，储气罐内的压力增高。

待压力增压 0.3 MPa 左右时，通气阀关闭。

待压力继续增至 0.4 MPa 左右时，最小压力阀开启，压缩机将输出最大气量，反之，如果排气阀关着或用户需气量小于压缩机排气量，压缩机将按“气量调节”所述内容运行。

（三）气量调节

当用户需气量减少，储气罐压力增高至 0.70 MPa 以上时，调节阀开启，使减了压的气体进入减荷阀空间和调速器空间，迫使柴油机逐渐降低速度。

当储气罐压力增至 0.73 MPa 左右时，减荷阀门开始逐渐关闭压缩机空气入口。

当储气罐压力增至 0.77 MPa 左右时，柴油机速度减至最低。

当储气罐压力增至 0.7 MPa，减荷阀门完全关闭，此时，排气量为零。在无空气消耗时，此工况将一直存在。

（四）空载

当减荷阀门全闭，放气阀开启，放出的空气量与压缩机吸入的空气量相等，此时，储气罐压力将保持在 0.8 MPa 左右，压缩机在无载工况下运行。

（五）停车

当排气阀关闭，压缩机停车后，储气罐的压缩空气通过放气阀以及通气口排出，随着储气罐压力逐渐降低，减荷阀门逐渐开启，放气阀逐渐关闭，空气继续通过放气阀和通气口排出，同时通过单向阀和压缩机慢慢泄漏出，直至压力降至 0.7 MPa，此后调节阀关闭，减荷阀门全开，气体又从单向阀和压缩机慢慢泄漏。

切记：卸压过程中不可打开排气阀。

当气压降至 0.4 MPa 左右时，最小压力阀关闭。

当气压降至 0.36 MPa 左右时，减荷阀门关闭，放气阀开启，通气口排气。

当气压降至 0.3 MPa 左右时，通气阀开启。

当气压降至 0.2 MPa 以下时，通过弹簧力使减荷阀门开启。

二、操作规程

（一）准备

压缩机使用前应按说明书中系统连接方法的要求，将现场仪表及仪表控制柜连接好，检验蓄电池电源是否已充足电，且压缩机及柴油机是否已准备好。

完成上述步骤后，即可旋动“电源断/开”旋钮至开位置，接通控制电源，此时电源指示灯亮，油压低。自动处于“预置”状态，其他各种故障都不存在时，启动得电，停机电磁铁红色导线通电维持，使机组处于待运行状态。

（二）启动

机器控制系统自动化程度相当高。

按住机组“启动”按钮，启动中继得电，停机电磁铁白色导线产生大电流拉开油门，同时启动中继得电，带动启动电机控制极，使启动电机旋转，由启动电机上的小齿轮带动柴油机大齿轮使柴油机运转，待柴油机运转后即可松开启动按钮，柴油机应能保持运转；同时油压预置复位计时，复位时间（8 s）到后切断启动回路，润滑油压保护也投入。应当注意连续按住“启动”按钮的启动时间不得超过 5 s，连续启动时间间隔应不能低于 2 min。如果连续启动 3～4 次都未能使柴油机启动应查阅柴油机使用说明书。如果启动在 10～12 s 内柴油机油压都未建立，应立即停止启动，并把开关切换至“电源断”这一档，同时检查柴油机的润滑系统，待故障排除后才能通电启动。

（三）加载

本系统启动结束，进入正常运行后，旋动“减载/加载”旋钮，电磁阀得电，自动送出加载信号，减荷阀打开，电器板“加载”指示灯亮，同时秒时钟走动，机组进入负载状态，向外供气。

（四）停机

正常情况下旋动电器板上的“加载/减载”旋钮，电磁阀失电，减荷阀关闭，待排气压力下降至 0.4 MPa 左右，旋动电器板上的“电源断开”旋钮至断开位置，启动控制失电，停车电磁铁红色导线中的维持电流丢失，电磁铁拉动柴油机油门至关闭位置，柴油机停机，从而使压缩机停机。

（五）紧急停机

当柴油机或压缩机发生特殊情况时，压缩机仍然处于运行状态，可立刻断开电源，从而强行断开停车电磁铁的电源，使压缩机停机。

第三节　维护保养

一、自动控制、保护和检测

（一）排气压力的自动控制

压缩机配备气量无级调节系统，当用气量增加时，出口压力降低，此时气量调节系统将出口的压力反馈到调节机构，增加油门，提高柴油机的转速，从而提高排气压力，增加出口流量。当用气量减少时，则动作相反。

（二）自动保护系统

1. 润滑油低联锁停车

当润滑油压力低于 0.12 MPa 时，油压开关合上，油压开关得电，同时自锁，“油压低”指示灯亮，柴油机风扇皮带中继失电，停机电磁铁维持电流丢失，电磁铁拉动柴油机油门至关闭位置，压缩机停机。

2. 皮带断裂联锁停车

当机组在运行中，如遇柴油机皮带断裂，此时皮带轮压下皮带保护开关，使 K4 失电，停车电磁铁维持电流丢失，电磁铁拉动柴油机油门到关闭位置，压缩机停机。

3. 排气温度高联锁停车

当排气温度高于 120 ℃时，油温开关触点合上，运行开关得电，同时自锁，“水温高”指示灯亮，柴油机风扇皮带中继失电，停机电磁铁维持电流丢失，电磁铁拉动柴油机油门至关闭位置，压缩机停机。

以上三种保护项目均有自锁，因此，当任一种连锁停车时，应先断电复位解除故障,再重新启动。

4. 控制回路过载保护

当控制回路短路接地、过载时,熔断器烧断,柴油机风扇皮带中继失电,停机电磁铁维持电流丢失,电磁铁拉动柴油机油门至关闭位置,压缩机停机。

二、注意事项

(1) 牵引压缩机前:

① 检查牵引杆、拖车连接装置及制动系统。

② 检查车轮的坚固情况以及轮胎的充气状况。

(2) 停放压缩机时,要完全拉出牵引杆的撑脚;当与拖车连接时,要缩回撑脚,这两个位置都要用锁紧销固定撑脚。

(3) 当压缩机需要拖车后退,必须先将换向杠杆向上提起,压缩机被向前牵引时,换向杠杆会自动松开。

(4) 不可超过最大允许牵引速度 25 km/h。

(5) 压缩机脱开拖车前,必须先将手动制动杆向上提起,实行制动。

(6) 停放压缩机时,保持机组停放与地面平行,前后左右的倾斜度不得超过15°。在多灰环境下,要停放在上风处;要远离墙壁,避免热空气被吸入机组;在室内工作时,排气管一定要伸向室外,排气管直径不得小于 100 mm。

(7) 管网和软管必须尺寸合规、耐压,切勿使用有磨损损伤或变形的软管;用软管吹扫时,要牢固握持管口,否则软管会挥舞伤人。

(8) 定期检查安全开关的可靠性、软管的完好程度、柴油机排气系统、电气系统。

(9) 启动前:

① 检查柴油机油底壳的机油面是否位于油标尺的上限标记与下限标记之间。

② 检查储气罐/油分离器油位。

③ 检查柴油箱是否有足够的柴油.第一次将油注入柴油箱或油用尽重新注入时,必须将系统中的空气排尽。

④ 取下空气滤清器的集灰器,清除灰尘。

⑤ 检查电瓶液位,必须注入蒸馏水至铝板顶部,并定期清洗电瓶表面,保持电瓶接线柱的清洁和良好的接触,避免灰尘引起事故。

⑥ 当单独的排气管接在排气阀上时,不管排气管是关还是开,均可启动压缩机,若排气管与总管相连,必须关上排气阀方可启动压缩机。

(10) 操作时应定期进行下列检查:

① 检查储气罐的油位,需添加油时,先停机,待卸压后,方可旋转注油塞。

② 检查柴油机油压，额定转速时，机油压力应在 0.35～0.40 MPa 之间。

③ 检查压缩机排气温度是否低于 110 ℃。

④ 检查调节阀的整定值，正常情况下，气压超过 0.7 MPa 时，柴油机就开始减速。

（11）停车时，关闭排气阀，电磁阀旋扭旋至“卸载”位置，令压缩机空载低速运行几分钟，使柴油机温度慢慢下降，切勿高速停机；拨动开关至“停机”位置。

注意停车后，在缓慢地卸压过程中切勿打开排气阀。

三、机组出厂前的整定

为利于压缩机与柴油机的跑合，新机组试车合格后，将压缩机的空载运行压力整定为 0.7 MPa，柴油机的最高转速整定为 1 900～1 950 r/min，怠速整定为 950 r/min。机组出厂运行 500 h 后，可根据要求将空载运行压力适当调整（最大允许压力：铭牌压力＋0.08 MPa），转速调整到柴油机额定转速，但此时柴油机的磨损将会加大。

四、保养

（一）安全预防措施

保养维修工作必须由经过严格训练的专业人员进行，除了一般的安全规则必须遵守外，还须特别强调下列安全措施：

（1）保养工作只能在停机后进行，确保机器不能意外启动。

（2）拆除任何带压元件前，必须隔绝压力源，保证无压状态。

（3）严禁使用易燃溶剂或四氯化碳清洗零件。

（4）油路系统附近不得进行焊接。

（5）在压缩机下方工作或卸下车轮时，应稳固支撑底盘和车轴。

（6）不要反接电瓶或发电机的极性，否则发电机整流器或调压器的晶体管将烧坏。

（7）柴油机运转时，不得切断发电机或电瓶的接线，否则将损坏调压器。

（8）严禁在电路未接通时启动柴油机。

（9）用外来电源给电瓶充电前，必须脱离交流发电机的接线，且保证外来电源线与电瓶连接正确。

（10）机组若需进行局部电焊修补，应先断电，再拆卸发电机电线。

（11）切勿在充电后的电瓶附近吸烟，因电瓶充电时，有易爆气体逸出。

（12）电瓶中的电解液是一种硫酸溶液，要小心拿取电瓶。

（13）多台压缩机并联在一条总管上时，每台压缩机出口处必须单独安装单向阀，避免停机时倒转。

（二）预防性保养周期

表 1-1 是螺杆压缩机维护保养的周期与内容，用户可根据现场使用条件的优劣做适当调整。

表 1-1　螺杆压缩机保养周期与内容

保养周期	保养内容		附注
每日	启动前	检查柴油机淮位	
		检查压缩机油位	
		清除空气滤清器中的灰尘	
		必要时排除柴油机滤清器内的水和污物	
	运行时	检查压缩机油位	
		检查柴油机油位	
		检查调节阀的整定值	
		检查压缩机排气温度	
	每天工作结束时，往柴油箱中注满油		①
每周	清洁机组外部		
	检查电瓶的液位和接头		③
	检查轮胎压力		
	检查柴油和润滑油有无泄漏		
	润滑停车电磁铁和调速器的球面球头		
	如机器正常牵引，在牵引环轴颈处注油脂		
每 50 h	检查并吹扫空气滤清器滤芯		②
每三个月	必要时吹扫油冷却器		
	清洗油路限流器		
	手动检查安全阀		④
	检查车轮螺母紧固情况		
	检查刹车系统		
	车轴轴承、牵引环轴颈、制动缆上注油脂		⑦
	润滑门铰链		
	检查柴油机最低和最高转速		
每 400 h	清除柴油机箱内的水和污物		⑤
	必要时，给电瓶充电		⑥

表 1-1(续)

保养周期	保养内容	附注
每年	试验安全阀	
	试验空气滤清器的真空指示器	
	试验温度和油压安全开关	
	拆修车轴承	⑦
每 1 000 h	更换空气滤清器滤芯	
	检查气量调节系统	
每 2 000 h	检查油分离器滤芯前后压力差	⑨
每 1 000 h	对机组进行全面检查	
2 500～8 000 h	更换压缩机油	
2 500～8 000 h	更换压缩机油和过滤器滤芯	⑧

附注：① 可防止空气中的湿气凝聚在油箱壁上，避免柴油被水污染；② 在多尘地区工作时，保养周期应缩短；③ 在高温季节，检查液位的时间间隔应缩短；④ 用手拉安全阀杠杆进行检查；⑤ 拧紧油箱底部的排放塞，直到流出干净的柴油；⑥ 用液体比重计测电瓶液的比重，并在电瓶上挂指示标签，按制造厂规定充电；⑦ 车轴轴承用普通润滑脂，制动缆用石墨油脂；⑧ 使用符合规格的滤芯；⑨ 压力差超过 0.08 MPa时，更换油分离滤芯。

柴油机的技术保养按柴油机使用说明书要求执行。

五、润滑

用户应严格按柴油机使用说明书选用柴油机润滑油。

切勿将不同型号和不同牌号的润滑油混合使用。混合用油会造成黏性沉积物，使油路系统堵塞。推荐使用螺杆压缩机专用油。

（一）油品选择

本系列机组建议使用以下三种不同型号的油品。

1. XYSL046CA 压缩机油

（1）推荐寿命

该油的推荐寿命为 6 000～8 000 h，但由于压缩机使用工况不同，实际使用寿命会有所差异。如有严格的润滑监控手段，使用寿命可以延至更久。

（2）换油指标

压缩机油在使用中应定期取样，观察颜色和清洁度，并定时分析油品黏度、酸值、正戊烷不溶物等油品的理化性能。

油品达到以下条件之一的，应当换油：

① 40 ℃运动黏度变化超出－10%～＋25%范围；

② 酸值增加值＞2.0 mgKOH/g；

③ 旋转氧弹氧化诱导期<50 min。

2. XYSL046CB 压缩机油

(1) 推荐寿命

该油的推荐寿命为 3 000～4 000 h,但由于压缩机使用工况不同,实际使用寿命会有所差异。如有严格的润滑监控手段,使用寿命可以延至更久。

(2) 换油指标

压缩机油在使用中应定期取样,观察颜色和清洁度,并定时分析油品黏度、酸值、正戊烷不溶物等油品的理化性能。

油品达到以下条件之一的,应当换油:

① 40 ℃运动黏度变化超出－10%～＋25%范围;

② 酸值增加值>2.0 mgKOH/g;

③ 旋转氧弹氧化诱导期<50 min。

3. XYSL046MA 压缩机油

(1) 推荐寿命

该油的推荐寿命为 2 500～3 000 h,但由于压缩机使用工况不同,实际使用寿命会有所差异。如有严格的润滑监控手段,使用寿命可以提高到 3 500 h,甚至达到 4 000 h。

(2) 换油指标

压缩机油在使用中应定期取样,观察颜色和清洁度,并定时分析油品黏度、酸值、正戊烷不溶物等油品的理化性能。

油品达到以下条件之一的,应当换油:

① 黏度变化超出±15%;

② 酸值增加值>2.0 mgKOH/g;

③ 正戊烷不溶物或机械杂质超过 0.2%。

有些空气压缩机专用油由于添加剂中使用氨型抗氧化剂,使用中颜色很快变深,呈红褐色或酱红色,当颜色再次变淡趋向浅黄色,应引起注意,及早换油。

(二) 换油规范

润滑油应按时更换,否则油品的品质下降,润滑性不佳,易造成高温停机现象;同时因为油品燃点下降,也易形成油品自燃空压机烧毁的事故。

放油前要注意以下几点:① 换油前应确保机组气路系统的压力为零;② 遇到突发状况,停车后可立即放油,应注意防止热油烫伤;③ 温度低且长时间停车后,放油前应启动压缩机,待润滑油加热后再进行换油操作。

压缩机在更换润滑油时,必须按以下规范进行操作:

① 将油气分离器的润滑油放尽。

② 将油冷却器的润滑油放尽。

③ 将断油阀的丝堵拆开，把阀芯顶开后将润滑油放尽。

④ 将单向阀上的丝堵拆开后放尽润滑油(放油时盘动主机)。

⑤ 将齿轮箱上的丝堵拆开后放尽润滑油。

⑥ 更换油过滤器。

⑦ 放油结束后，用清洗剂(工业汽油、丙酮、工业清洗剂等)将丝堵和连接螺纹去油。

⑧ 丝堵安装时螺纹涂乐泰 242 胶水。

⑨ 加新润滑油至最高液位，在开车前还应向主机内倒入 2～4 L 新的润滑油，并用手盘主机数圈。

更新油过滤器时，先清洗过滤器座，并在新滤芯的橡胶密封圈上涂薄薄的一层油，旋紧至垫圈与座相接触后再旋半圈即可。

六、储存

如机组在几周内不使用，则每星期要运作一次至温度稳定为止，而且需空载和加载各运行一段时间。停车后关闭排气阀。

如机组在较长时间内不使用，应将油路系统中使用过的润滑油放出，更换新的不含水分的油封用润滑油，并开车运转 5～10 min，以免原来使用过的润滑油含水分或杂质，致使零件表面锈蚀。油封用润滑油建议采用原来使用的同牌号润滑油加入 5%环烷酸锌。

本机组油封保质期，从发货日起计算为 6 个月。超过 6 个月，用户需设法重新油封，以防锈蚀、霉损。

七、调整及维修

(一) 气量调节系统

1. 调节器的整定

工作压力由调节器中的弹簧力决定，顺时针旋转调节轮，工作压力升高，逆时针旋转调节轮，工作压力降低，调节轮由防松螺母锁紧。正常操作过程中，工作压力很少需要调整，调整到 0.7 MPa 的步骤如下：

① 启动和预热柴油机，加载压缩机并关闭排气阀，如果储气罐内的压力小于 0.7 MPa，就松开调节轮防松螺母，顺时针慢慢旋转调节轮，直至压力达到 0.70～0.75 MPa 之间。

② 逐步开启排气阀，使储气罐压力正好保持 0.7 MPa，然后慢慢顺时针旋转调节轮直至柴油机速度控制杆紧靠最高速度限位螺栓，这时柴油机将以最高速度 2 150 r/min 运转。

③ 储气罐压力保持在 0.7 MPa，逆时针慢慢旋转调节轮，直到柴油机开始

减速为止，然后顺时针旋转调节轮 1/8 周，最后拧紧防松螺母。

④ 逐步关闭排气阀，柴油机速度开始下降，当调速器的活塞杆处于其最内位置时，就是最低速度了。

⑤ 检测最低速度值，必要时通过调整球面接头处的螺母位置调整连杆的长度，使柴油机最低速度控制在 900 r/min。

2. 速度调节装置的调整

当拆卸调速器进行检查维修或调速器连杆长度已发生变化时，需重新调整，其过程如下：

① 打开排气阀。

② 松开调节轮的防松螺母，逆时针旋转调节轮之上限位置。

③ 启动和预热柴油机，但压缩机不加载。

④ 检查柴油机的怠速转速，调整转速为 900 r/min。

⑤ 使压缩机加载，逐渐关闭排气阀，同时顺时针旋转调节轮使储气罐压力保持在 0.7 MPa，且令柴油机以最高速运行。

⑥ 检查速度调节器是否漏气，若发现其底部通气孔漏气必须更换密封圈。

⑦ 检查柴油机最高转速值，应在 2 150 r/min 左右。

⑧ 储气罐压力保持在 0.7 MPa 时，逆时针慢慢旋转调节轮，直到柴油机开始减速为止，然后顺时针旋转调节轮 1/8 周，最后拧紧防松螺母。

⑨ 完全关闭排气阀，柴油机转速为 900 r/min 左右，若不符合要求应予以调整。

⑩ 重复上述①、④、⑤、⑦、⑨各步骤，加以验证。

注意：与加载电磁阀、减荷阀相连的通气口还可用作排放凝聚水，因此通气口应位于最低点，以防冷凝水聚集，特别要注意防止冬天结冰。通气口的孔径为 1.7 mm，应保持清洁无尘。

（二）空气滤清器

空气滤清器由带集灰器的旋风式预过滤器和一个纸质滤芯组合而成。过滤器的指示器显示红色时，表明滤芯需保养。保养后，按下指示器壳体末端的小柄，指示器可再用。

若要求停机时间极短，可立即换上清洁滤芯，对刚换下的脏滤芯，可待吹扫干净后备用。若滤芯已损坏或破裂，则不可再用。

压缩机运转时不可拆卸或更换滤芯。

通常在运转 1 000 h 或一年后要更换滤芯。在多灰尘地区，更换时间间隔要缩短。每天都要清理集灰器。

清洁滤芯的步骤如下：

① 将滤芯放在柔软的平面上，轻轻敲打端面，除去大部分粗灰。

② 使用压缩空气上下吹扫折缝，空气压力不得超过 0.5 MPa，吹嘴与折片之间应保持适当距离。

可在滤芯内放一灯泡，检查清洁后的滤芯有无损伤。

（三）压缩机油冷却器

油冷却器翅片要特别留意保持清洁，否则将降低冷却效果，因此，应根据工作条件，定期清洁。

通常用尼龙刷（严禁用金属丝）来清除冷却器外露表面的灰尘，翅片间的灰尘可用与平常气流方向相反的压缩空气吹扫，或用洗涤剂溶液清洗，或用压力喷射扫除，或用蒸汽清除。

（四）储气罐/油气分离器

储气罐/油气分离器按压力容器标准制作和验收，不得任意修改。

（五）安全阀

储气罐/油气分离器上的安全阀每年至少试验一次，应由经过充分训练的人员进行调节或修理。

① 启动并预热柴油机。

② 使压缩机加载，关闭排气阀。

③ 松开防松螺母，顺时针旋转调节轮，观测气压表，若安全阀在0.77 MPa 时还未开启，则应先松开锁紧螺母后，再逐渐旋松调整螺栓直到安全阀在 0.83 MPa±0.02 MPa 范围内开启。

④ 重新整定调节阀。

（六）制动器

（1）检查制动器摩擦片与制动毂间在自由状态时，应有适当间隙，保证用手扳动制动毂能转动自由，待以后做拖车试验时，制动毂不会因非制动情况下发生摩擦而有热度。

（2）在非制动情况下，旋松压紧螺母和调节螺母，直至螺母离拉杆的杆端约 6 mm 为止。

（3）将制动缆拉向平衡梁通过销子相连，此时，平衡梁与拉杆应保持垂直，然后旋紧螺母。

（4）由螺母进行调节，要达到如下要求：拉紧手动制动杆，棘爪应位于齿条第 5 齿或第 6 齿中，最后旋紧螺母。

八、故障及修理

如果机组出现故障或失控，请按如下步骤进行检查，排除故障。

（1）接通电源开关，电源指示灯不亮。

① 检查指示灯是否完好，若坏，更换；若好，检查保险丝是否完好，若坏，更换。

② 若以上都好，检查电源开关是否完好，若坏，更换；若好，检查是否电瓶失灵或无法充电，可检查电解液面并对电瓶充电；检查电瓶是否短路，若未短路，仍充不进电，则检查接线。

③ 检查电瓶电线是否松脱、接触不良、接头氧化，及时紧固，对氧化表面，清理后涂以润滑脂。

④ 若仍未能充电，则可用已充过电的蓄电池启动柴油机，检查发电机的发电极，是否有电压，若发电机损坏，更换，若电压调节器无法调节电压，需更换。

(2) 接通电源开关，电源指示灯亮，4 号开关不动作。

① 检查 4 号开关是否完好，如不完好，更换 4 号开关。

② 如果 4 号开关完好，检查 2 号开关、3 号开关、5 号开关三个常闭开关是否完好，若发现有损坏的，更换。

(3) 接通电源开关，电源指示灯亮，4 号开关动作，按动油压预置按钮，启动电机不转，电磁铁不动作。

按动油压预设按钮，检查启动中继、停机中继应动作。如启动中继、停机中继不动作，检查油压预置时间常闭触点是否完好，如油压预置时间损坏，更换油压预置时间；如油压预置时间完好而启动中继不动作，检查接线及启动中继是否已损坏，如损坏，则更换；如果停机中继不动作，检查接线及停机中继是否完好，若损坏，则更换；若未损坏，检查电磁铁是否已损坏，主要是检查电磁铁的白色导线是否完好(只要测一下白色和黑色间的电阻是否为 1 Ω 等级)，如未损坏，检查线圈定时器是否损坏，如损坏，则更换；如未损坏，检查启动电机是否已损坏。

(4) 接通电源开关，电源指示灯亮，按住油压预置按钮、启动中继按钮与停机中继按钮动作，停车电磁铁动作，启动电机，若柴油机不旋转直接检查柴油机是否已损坏。

(5) 接通电源开关，电源指示灯亮，停车电磁铁动作，启动电机，柴油机旋转，松开按钮，柴油机停转。

① 启动按钮松得太快(按住时间应略长，但不得超过 5 s)。

② 油压预置时间太短，最佳时间为从启动到该时间内油压已升高到0.12 MPa。

③ 检查停机电磁铁红色导线中有没有维持电流。

④ 检查柴油机调速机构杠杆位置是否正确。

⑤ 柴油机油压无法建立，请按照“柴油机使用说明书”检查故障。

(6) 柴油机运转正常，但不能加载。

检查控制开关与安全阀是否正常，如已损坏请更换。

(7) 因故障停车，排除故障后，才允许开车。

(8) 加载压缩机，无空气输出。

① 调节阀工作不正常可拆卸后检查并校正。

② 减荷阀阀门处于关闭位置，可进行拆检。

(9) 油耗过大。

① 油面太高，可排放多余的油至正常位置。

② 油分离器回油管上的限流器阻塞，可拆下软管清洗限流器。

③ 油分离器失灵，可拆下油分离芯，检查清洗或更换。

(10) 调节阀已动作，但柴油机并不加速或减速，速度调节器失灵，可拆卸后检查并维修。

(11) 排气量或工作压力低于规定值。

① 空气消耗量超过排气量，则工作压力必然低于规定值，要消除漏气点或应减少用气量。

② 空气滤清器阻塞，可清洁或更换滤芯。

③ 调节阀整定值不准确或工作不正常，可重新整定，或拆卸后检查修理。

④ 柴油机达不到最高速，当柴油机速度控制杆处于最高速限位时，检测其转速是否为最高值，若不是应参照看柴油使用说明书进行处理。如速度杆未达最高速限位处，可调整连杆长度。

⑤ 最小压力阀壳体内的通气阀处于开启位置，应检查校正。

⑥ 放气阀泄漏或损坏，拆卸阀芯检查，必要时更换新阀芯。

⑦ 油分离芯阻塞，油分离芯前后压差超过 0.08 MPa 则需更换。

(12) 储气罐压力增高，安全阀起跳。

① 调节阀整定值不正确或其中弹簧损坏，需重新整定，或拆卸检查处理。

② 调节系统漏气，需排除泄漏或更换漏管。

③ 速度调节器失灵，需拆检更换损坏零件。

④ 最小压力阀失灵，进行拆检。

⑤ 放气口阻塞，需清除小孔内的污物。

(13) 机器自动停车。

① 压缩机或柴油机过热，可依据柴油机使用说明书进行排除。

② 柴油机油压过低，可参看柴油机使用说明书进行处理。

(14) 停车后，空气和油雾从空气滤清器中喷出。

① 压缩机排气口止回阀密封不良，需拆检，必要时应更换阀盘，再更换空气滤芯。

② 最小压力阀密封不良(只可能发生于总管相连)需拆检,修理,并更换空气滤芯,停车前应关闭排气阀。

(15) 停车后,油从空气滤清器中喷出,断油阀失灵,需拆检断油阀,并更换空气滤芯。

(16) 压缩机过热。

① 压缩机冷却不够,需正确安放机器,使之与墙和其他物件间保持足够距离。

② 油冷却器翅片表面积灰太多,需清洁干净。

③ 储气罐油面太低,需停车卸压后加油。

④ 压缩机风扇停转,检查原因并更换损坏零件。

⑤ 断油阀失灵,阀芯处于关闭位置,需拆检维修。

第二章　气腿式凿岩机

第一节　概　　述

一、使用范围

YT23D 型气腿式凿岩机(图 2-1)是一种新型高效的凿岩机械,在低气压条件下具有良好的凿岩性能(能在 0.35 MPa 下正常工作),特别适用于输气管路较长或以小型空压机为动力条件的情形。可广泛应用于采石、开矿、巷道掘进以及各种凿岩作业中钻凿爆破孔,是矿山、水利、建材、能源、交通、军工及地质工程中不可缺少的重要机具。

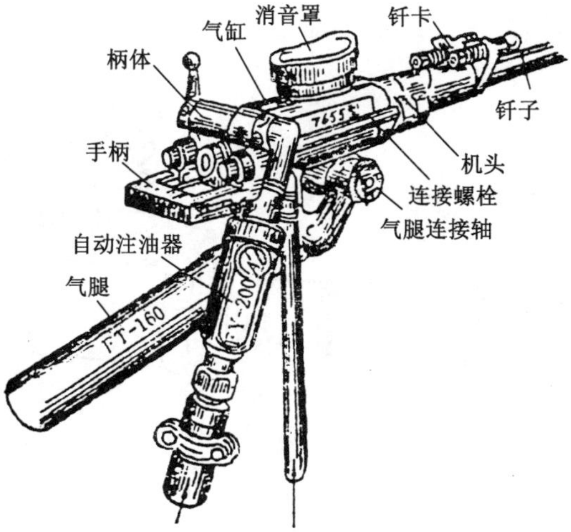

图 2-1　YT23D 型气腿式凿岩机

YT23D 型气腿式凿岩机与 FT160A 型气腿和 FY200A 型注油器配套使用,宜在中硬或坚硬(f=8～18)的岩石上钻凿水平、倾斜或垂直炮孔,炮孔直径一般为 34～42 mm,有效经济钻深可达 5 m,也可安装在钻车或钻架上工作。

二、技术参数

（一）YT23D型气腿式凿岩机参数（表2-1）

表2-1　YT23D型气腿式凿岩机参数

质量	24 kg	气管直径		25 mm
机长	668 mm	水管直径		13 mm
气缸直径	70 mm	钎尾规格（六方对边长度）		22 mm×108 mm
活塞行程	70 mm	气压为0.4 MPa时性能参数	冲击频率	≥28 Hz
工作气压	0.35～0.63 MPa		耗气量	≤38 L/s

（二）FT160A型气腿参数（表2-2）

表2-2　FT160A型气腿参数

质量	16.9 kg	推进长度	1 365 mm
气腿长度	1 800 mm	气缸内径	65 mm

（三）FY200A型注油器

FY200A型注油器（图2-2）的容油量为200 mL。

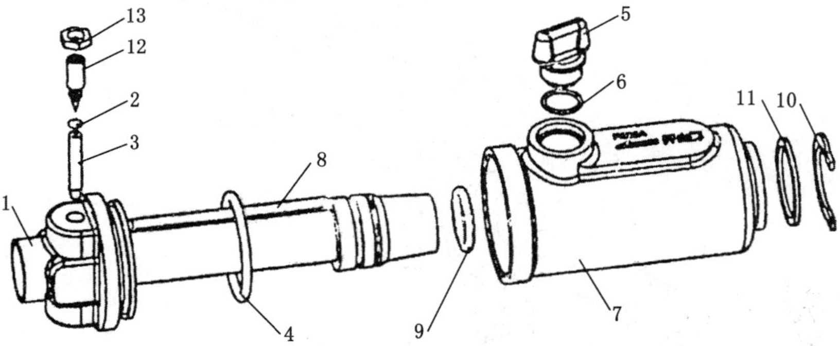

1—芯轴；2—“O”形圈2.8 mm×1.8 mm；3—调节阀；4—“O”形圈51.5 mm×2.65 mm；5—油盖；6—“O”形圈20 mm×1.8 mm；7—注油器体；8—吸管；9—“O”形圈30 mm×2.65 mm；10—卡环；11—型圈；12—油阀；13—螺母M8。

图2-2　FY200A型注油器结构图

三、结构组成

气腿式凿岩机主要由气腿、凿岩机组成，具体结构见图2-3和图2-4。

凿岩机主要由柄体部分、腔体部分和机头部分组成。

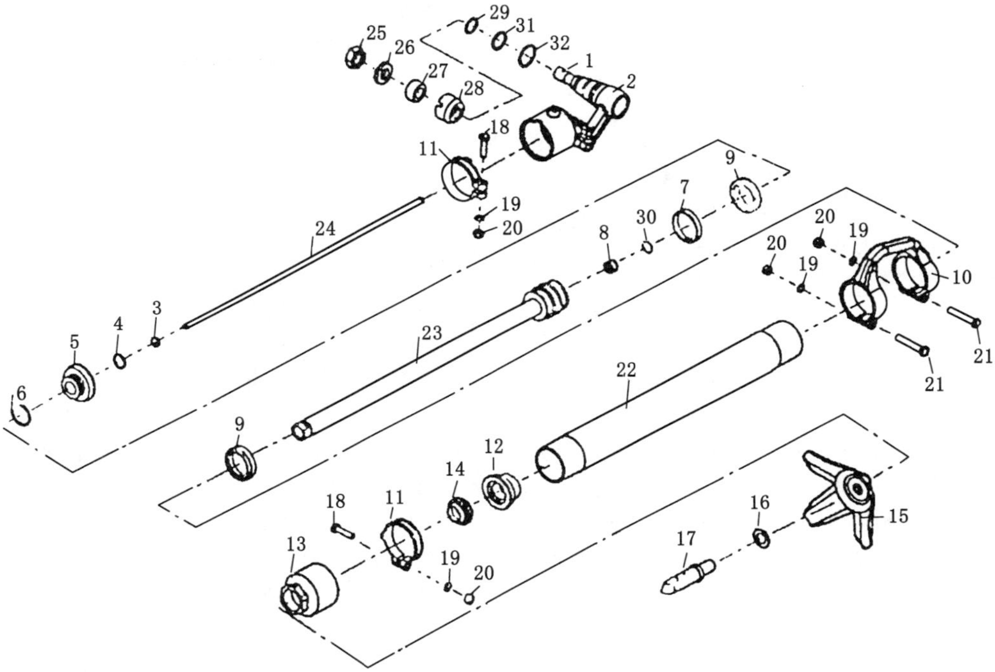

1—横臂；2—架体；3—气管胶垫；4—“O”形圈 28 mm×3.1 mm；5—架体垫；
6—卡环；7—支承环；8—双“Y_x”形密封圈；9—“Y_x”形密封圈 D65；
10—提把；11—锁紧圈；12—导向套；13—下管座；14—防尘密封套；
15—支爪；16—垫圈 22；17—顶尖；18—小六角头螺栓；19—垫圈 10；
20—六角螺母 M10；21—小六角头螺栓 M10×65；22—外管；
23—外缩管(焊件)；24—气管；25—锁紧螺母；26—止退垫；
27—弹性胶垫；28—防松螺母；29—“O”形圈 32 mm×3.1 mm；30—孔用弹性圈；
31—“O”形圈 38 mm×3.5 mm；32—“O”形圈 45 mm×3.1 mm。

图 2-3　FT160A 型气腿结构图

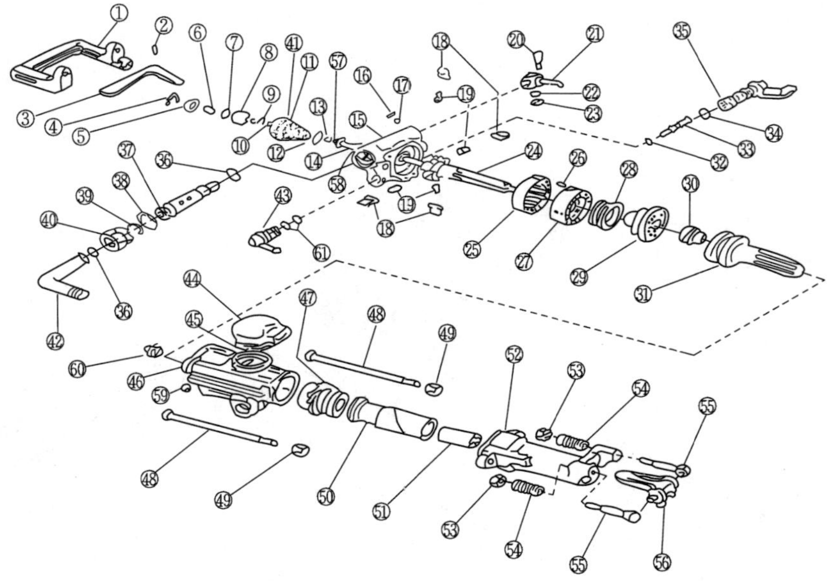

1—把手；2—弹性销；3—扳机；4—弹性环；5—簧盖；6—弹簧；7—“O”形圈 25 mm×2.4 mm；8—注水阀；9—“O”形圈 8 mm×1.9 mm；10—胶垫；11—注水阀体；12—环形密封圈；13—水针套；14—气针；15—柄体；16—固定销；17—弹簧；18—棘轮爪；19—塔形弹簧；20—紧固销；21—操纵把；22—垫圈；23—螺母 M10；24—螺旋棒；25—内棘轮；26—定位销；27—阀柜；28—阀；29—阀套；30—螺旋母；31—活塞；32—挡圈 12；33—换向阀；34—涨圈；35—调压阀；36—“O”形圈 36 mm×3.6 mm；37—操纵阀；38—垫片；39—卡环；40—气管螺母；41—垫片；42—气管弯头；43—水管接头体；44—消音罩；45—喉箍；46—腔体；47—导向套；48—长螺杆；49—长拉杆螺母；50—转动套；51—钎套；52—机头；53—螺母 M16；54—钎卡弹簧；55—钎卡螺栓；56—钎卡；57—水针；58—气针垫；59—水密封套；60—大密封套；61—“O”形圈 24 mm×2.4 mm。

图 2-4　YT23D 气腿式凿岩机结构图

第二节　使用方法

一、凿岩机的操作

（一）操纵阀

为了便于操作，YT23D 型气腿式凿岩机的操作机构全集中于柄体上。操纵阀由操作把控制，是开闭调节凿岩机运转力量、气水联动、强力吹洗的控制机构。操作把共有 5 个位置，每个位置的功能范围如图 2-5 所示。

（二）调压阀与换向阀

调压阀是调节气腿推力的装置，如图 2-5 所示，沿箭头方向搬动调压阀，气

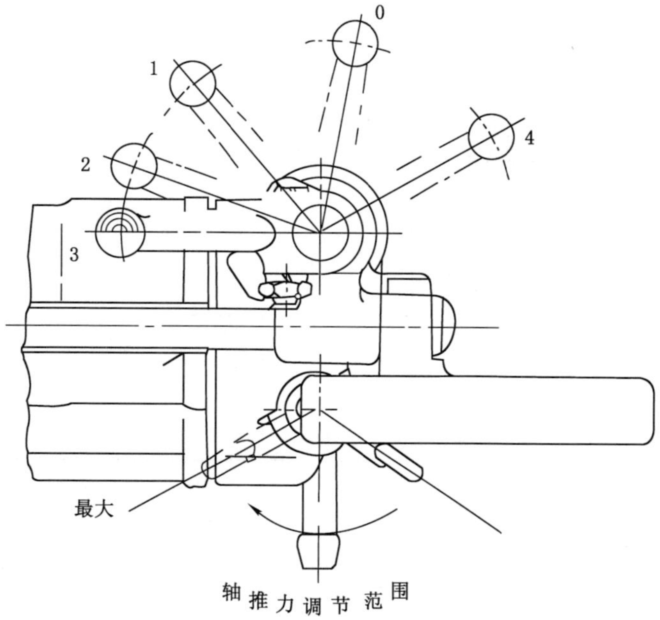

0—停止工作，停风停水；1—轻运转，注水、吹洗；2—中运转，注水，吹洗；
3—全运转，注水、吹洗；4—强力吹洗，停水、停止工作。

图 2-5　操纵阀与调压阀功能位置示意图

腿推力便逐渐增大。

换向阀是操纵气腿快速缩回的装置。凿岩机在作业过程中，气腿的推进长度如不能满足凿深要求，需要挪动气腿换位作第二次推进时，只需勾动扳机推动换向阀气腿快速缩回，进行换位（而不需关闭操纵阀和调压阀）。

（三）注油器

FY200A 型注油器，调节油量十分方便。只要用螺丝刀调节调油阀与油阀的锥面间隙（图 2-6），即可控制注油器的出油量。一般耗油量 2.5～3 mL/min 为宜。如果观察排气中带有细腻而均匀的油珠，即表示油量适当。调压阀经调节后要特别注意拧紧螺母，以免螺母松脱和调压阀失灵、丢失。

（四）润滑油

润滑油对机械的性能和使用寿命影响很大，正确地选择润滑油（不得使用润滑脂润滑），对于充分发挥机器的效能、延长使用寿命是十分重要的。

这里根据用户的一般条件（如工作的温度、湿度等）介绍几种润滑油，供选择用参考，性能见表 2-4。

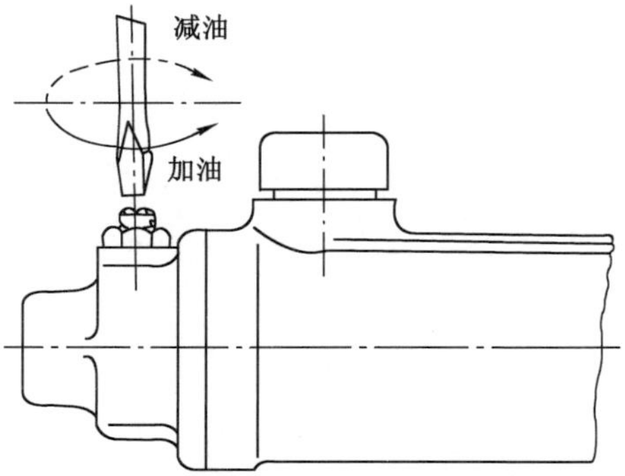

图 2-6　调油阀调节示意图

表 2-4　常用润滑油性能

环境温度/℃	名称	牌号	闪点(开口)/℃	运动黏度(40 ℃)/cSt	凝点/℃	标准
10～30	机械油	N46	≥180	41.4～50.6	−10	GB 443—84
−10～10	机械油	N22	≥170	18.8～24.2	−15	GB 443—84
−30～10	冷冻机油	HD-13	≥160	11～15(50 ℃)	−40	SY 1213—79

备注：运动黏度的单位是 Stokes，即斯托克斯，简称斯，当流体的动力黏度为 1 泊，密度为 1 g/cm^3 时运动黏度为 1 St。cSt 是 centiStokes 的缩写，意为厘斯。

（五）输气管路与气压水压

气管内径 25 mm。为了避免管路压力损失过大，从气源到机器的气管长度不宜过长，管路接头的通径不得小于 17 mm。凿岩机的工作气压直接影响凿岩效率和经济寿命；气压过高，机件、钎具易损；气压过低，不能充分发挥机器的效率；一般气压以 0.35～0.63 MPa 为宜。

水管内径 13 mm。工作水压应低于当时的工作气压；水压过高易造成气水联动失灵，甚至发生“洗锤”而破坏机器润滑等弊病。一般水压 0.2～0.3 MPa 为宜。

（六）钎杆

凿岩机的凿岩效率及零件的使用寿命与钎杆的制造质量关系很大。钎杆的制造与使用应符合下述要求：

(1) 钎尾端面硬度 49～55 HRC。硬度过高，容易崩钎损伤活塞；硬度过低，钎尾易被打胀而不易取出。

(备注：HRC 洛氏硬度 49～55 HRC)

(2) 钎尾端面应平整并与钎杆轴线垂直，倒角不可过大。

(3) 钎尾水针孔的轴线偏移不允许超过 1 mm;孔径、孔深应符合图 2-7 的要求,否则容易折断水针。

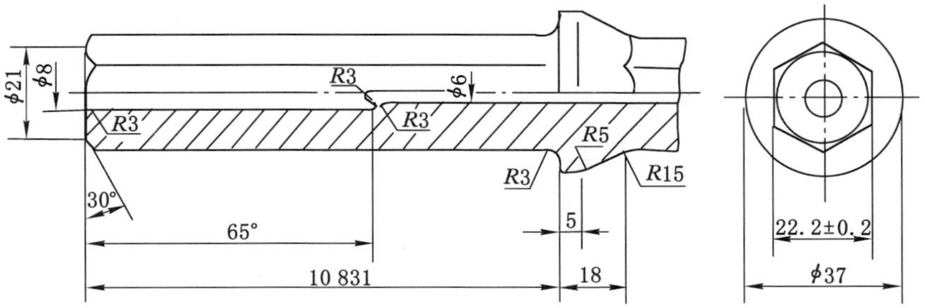

图 2-7　钎尾加工尺寸图(单位:mm)

二、钻孔作业

(一) 钻孔前的准备工作

钻孔前的准备工作包括凿岩机、钻杆钻头、管路、作业面的准备和检查。

1. 凿岩机

作业前,凿岩机应处于良好状态,要求棘轮爪、弹簧、销大小一致,更换无弹力和大小不一的部件;活塞螺母和螺旋棒之间的连接应牢固,发现间隙不当、活塞平面凹槽增大、放在气缸内无回力时应更换新的;油、水路必须畅通,水针无弯曲、裂缝及堵塞,长度应与所用凿岩机配套;凿岩机连接螺杆及其他各固定零件无松动、缺件现象;操纵阀、调压阀、气腿快速回缩装置控制灵活,并尽可能试钻检查气、水是否畅通,风量和风压是否符合凿岩机的要求,若大于要求风压,则反作用力增加,操作困难,易断钻杆;反之,耗气量增加,钻速降低。

2. 钻杆钻头准备

钻杆应平直、通气、无裂纹,水针孔应居中。钎尾长度应符合要求,端面平滑,钻杆钻头应连接牢固。钻杆应长短钎配套成组,短钻杆使用大直径钻头,长钻杆使用小直径钻头,并配足一定的备用量。

3. 检查管线

检查高压风管与水管是否漏气、漏水;高压风管与凿岩机连接是否紧密牢固。

(二) 钻孔的作业组织

作业班(组)长要根据作业人员的技术状况,严密组织,合理分工。通常可采用多机平行、分区定位、顺序钻孔的方法作业,以提高钻孔速度。要做到“六定”“七快”“四不钻”。“六定”即定人、定机、定位、定时、定质、定量。“七快”即准备工作快、布孔快、开钻快、换钎杆快、移动气腿快(图 2-8)、加油快、排除故障快。“四不钻”即不钻石缝、不钻残孔、不钻软夹层、不钻破碎带。

每部凿岩机通常由 1～2 名作业人员组成专业组实施钻孔。

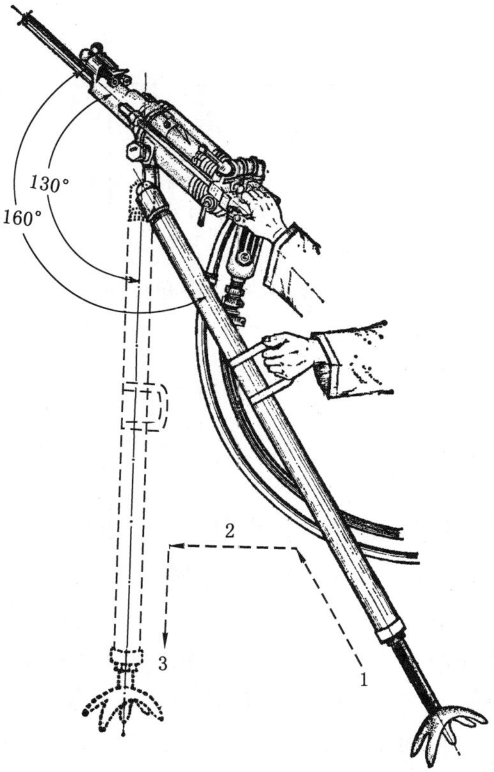

图 2-8　气腿的快速移位

(三) 钻孔的操作要领

作业人员要正确掌握操作要领,做到准、稳、直。准就是钻孔的位置要准;稳就是掌握凿岩机和支架要稳,保持正确的姿势,平稳推进;直就是钻孔要直,使钻杆始终保持在炮孔中心旋转,做到钻杆、凿岩机、支架在同一垂直面内,因此,也可概括为“缓开风、旁边站、一条线、中心转”。

(四) 作业方法

1. 固定气腿位置

使气腿和凿岩机两轴线的夹角大于 90°,最好在 130°～160°之间,以使凿岩机得到最大的向前推力,加快钻孔速度。

2. 开眼

开眼应垂直岩面，由一人掌握凿岩机，控制阀柄，使操纵阀位于中运转位置；另一人一手托机头，一手扶钻杆，互相配合好，以便固定炮孔位置。待钻进 5 cm 左右，可把操纵阀扳到全运转位置，并打开水阀，由一人操作。如果钻深孔，须先用大直径钻头开孔，后改用小直径钻头钻进，以免卡钻。

3. 钻进

凿岩机与钻杆的中心线要保持在一条直线上，以免损坏水针或卡钻，使凿出的炮孔平直，便于拔出钻杆和装药、填塞。

钻孔过程中，要注意将气压稳定在 0.4～0.6 MPa 之间，因为气压过高反作用力大，操作困难，易断钻杆；气压过低则钻孔效率低，空气消耗量也将增大。给水要均匀，适当控制给水量，使炮孔内的岩粉成浆状流出为宜。岩石坚硬时，钻进慢，岩粉少，可少供水，岩石松软时，钻进快，岩粉多，可多供水。凿岩机所需水压可控制在 0.2～0.3 MPa 之间，因为水压过高会冲入机体影响润滑，水压过低水冲不出岩粉反而增加钻孔阻力，甚至影响钻杆正常运转。遇到断水时，要立即关闭操纵阀，退出钻杆，来水后再继续工作，否则炮孔内的岩粉会被岩浆黏住，堵塞炮孔或夹住钻杆。

一个炮孔钻完后，要开大水阀，强力冲洗，然后再把操纵阀扭到强吹位置进行强吹，把炮孔内残余岩浆用水冲洗干净。

4. 停机

先关水阀，后关操纵阀，防止水倒流到机体内。

5. 吹眼

钻孔完毕，应用自制吹浆器逐个吹扫炮孔内的残渣、积水，以便于装药。

第三节　维 护 保 养

一、注意事项

（一）使用注意事项

（1）由于机器出厂时注有防锈油以及运输、库存过程中难免侵入灰尘，因此新机器使用之前须拆卸清洗内部零件。重新组装后，使用之前应在低气压（0.3 MPa）或半开车运转 3～5 min，以检查是否正常。

（2）连接气、水管时，应先吹净管内的脏物，以免杂物进入机内研损机件。

（3）启动机器前，必须仔细检查螺纹连接处是否可靠，各操纵手柄是否灵活；注油器内应装满润滑油，并调节好油阀。工作过程中一般应每隔一小时检查或向注油器内注油一次。严禁无油作业。

(4) 机器开动时应先开小车运转，在气腿顶力逐渐加大的同时逐渐开全车凿岩。不得在气腿顶力最大时骤然开全车运转，更不应长时间开全车空运转，以免零件擦伤或损坏。在拔钎时，应开半车为宜。

(5) 工作结束，应先关闭水管，再轻运转片刻，以免机内残余水滴，防止零件锈蚀。

(6) 经常使用的机器，应注意定期保养和维护。至少每周检修一次，清除机内脏物，注意更换损伤和失效的零件。

(7) 已用过的机器，如需长期存放，应拆卸、清洗、涂油封存，放置于阴凉干燥处。

(8) 接通气源之前，应将操纵把及调压阀手柄回复零位；开车前应检查各螺纹连接是否松脱，防止工作中脱落伤人。

(9) 在凿岩过程中要特别注意钎杆突然折断，防止工伤事故的发生。

(二) 拆装注意事项

(1) 阀组是凿岩机的重要部件，拆装时要小心，不可敲击、磕碰出毛刺。重装时必须保持零件清洁，装好后用手轻轻摇动，阀应能在阀柜和阀套间灵活运动(至两端极限位置)。

(2) 螺旋母与活塞是左旋螺母连接，拆装时要注意旋转方向。

(3) 调压阀和进水弯管与柄体均未用螺纹连接，而采用快速拆装的结构，拆卸调压阀时必须卸掉把手，然后转至图 2-9 所示的位置，当调压阀的台肩从柄体的半个沟槽内脱出后方能轴向拔出。将进水弯管转至水位位置同样可以取出。

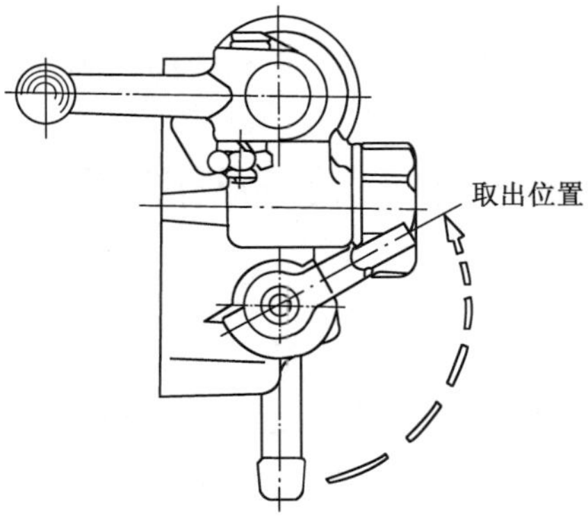

图 2-9　调压阀取出位置

(4) 具有弹性的挡环，固定了注水阀体内的零件不致脱出。安装时用螺丝刀将三个凸爪拨入注水阀体的槽里即可；拆卸时再将它拨出槽外就能取出内部零件。

(5) 整机重装时,两侧长拉杆螺母必须均匀拧紧,以保证运动部件正常运转。

二、常见故障及其排除方法

凿岩机常见故障及其排除方法见表 2-5。

表 2-5 凿岩机常见故障及其排除方法

故障类别	原因	消除方法
凿岩机速度降低	工作气压过低	1. 适当减少同时工作的凿岩机台数,或其他耗气作业; 2. 消除管路漏耗; 3. 缩短输气管长度,更换过小的进气管道和阀门、开关
	润滑不良	1. 注油器缺油,应立即注油; 2. 注油器油路小孔堵塞,应先清洗再用风将孔吹通; 3. 润滑油太浓、太脏,应按规定条件更换; 4. 严禁无润滑作业或用润滑油脂润滑
	钎尾尺寸不当	钎尾长度应保证 108 mm±1 mm,过长或过短均应修正
	零件失效	及时更换失效的零件
	水路不畅,机头部端漏水及水灌入内腔	1. 水针折断,及时更换折断的水针; 2. 钎杆中心孔堵塞或太小,应予以更换; 3. 水针孔径不合规格(一般不得小于 3 mm),应更换水针; 4. 水压高于气压,造成高压水向机内倒流,破坏机器的正常润滑和工作,此时必须降低水压
	气腿推力不足及伸缩不灵	1. 气腿皮碗磨损或松脱,更换或重新装配; 2. 架体与外管松脱,造成上下腔窜气,须旋紧架体; 3. 密封件损坏或丢失,应更换; 4. 调压阀涨圈磨损,定不住位,应更换; 5. 换向阀磨损或换向阀卡环丢失,造成换向阀定位偏移,应更换和增补零件; 6. 扳机磨损,压缩换向阀时行程不够,气腿不易缩回,应及时更换扳机
	机器振动过大	1. 气腿与地面支角过大或推力不足,造成机器后坐力大,应调整角度加大推力; 2. 钎尾套磨损过大,使机器摆头,应更换钎尾套; 3. 钎杆弯曲引起作业不稳,应更换成直钎杆

表 2-5(续)

故障类别	原因	消除方法
水针折断	活塞小头端部严重打堆	更换活塞
	钎尾和钎尾套间隙大	钎尾套内六方对边尺寸严重磨损，必须及时更换
	钎尾中心孔不正或不合要求	应按要求修正钎尾
	水针太长	修正水针长度
不易启动	阀组运动不灵活	1. 阀组内有污物或零件有研伤，应清洗、修光； 2. 装配不适当，密合面未靠严，应重新装配
	润滑油太浓太多	调节适当
	水灌入机体内	查找原因予以消除
气水联动失灵	水压过高	采取降压措施
	气路、水路堵塞	检查并排除气管、水管和注水阀体内气水通道的堵塞物
	注水阀弹簧失效	更换弹簧
	隔气水密封圈失效	更换密封圈
	锈蚀	清洗除锈

第三章　平　板　夯

第一节　概　　述

一、用途

振动平板夯(图 3-1)具有体积小、质量轻、结构紧凑、操作灵活等多个优点，主要用于路桥结合处、沥青路面、砖石路面、灰土基础、管线铺设后回填土的压实作业以及水坝和水渠护坡、广场地坪的夯实，特别适用于道路边角地带的压实、小面积修补及人行道水泥砖的铺砌振实等。

图 3-1　平板夯示意图

二、结构组成

平板夯主要由夯板、激振器、动力机、减振器和控制把组成见图 3-2 和图 3-3。

三、性能特点

(1) HZR 型振动平板夯采用原装进口的平板夯专用汽油机，具有启动快捷方便、工作安全可靠、故障率低、耗油量小等显著特点，尤其适合在没有电源或连接电源不方便的场合使用。

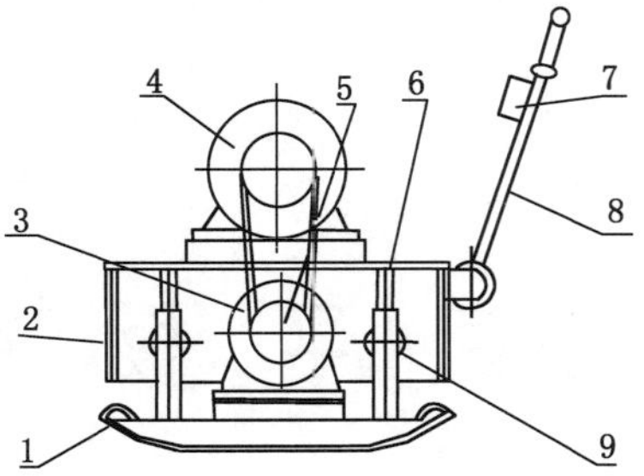

1—夯板；2—机架；3—激振器；4—动力机(电动机或汽油机)；
5—油嘴；6—减振垫；7—换向开关或油门拉线旋把；
8—扶手；9—减振块。

图 3-2　HZR120B 型、HZR160 型及 HZD200 型平板夯结构示意图(保护架略去)

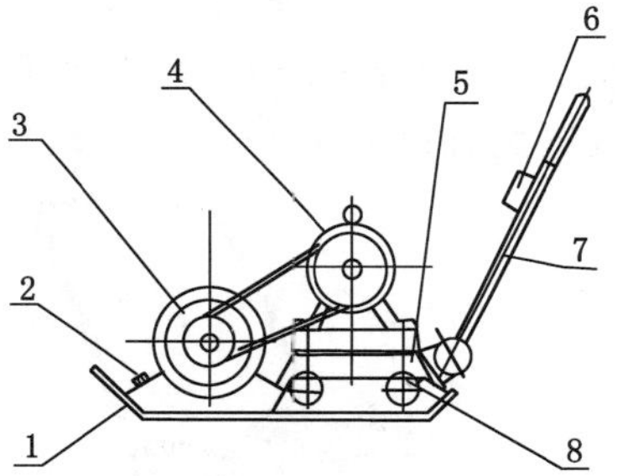

1—夯板；2—油嘴；3—激振器；4—动力机(电动机或汽油机)；
5—机架；6—换向开关或油门拉线旋把；7—扶手；8—减振块。

图 3-3　HZR120 型及 HZD160 型平板夯结构示意图

(2) HZD 型振动平板夯采用国产名牌电动机，质量稳定、抗震性好，整体包胶的扶手增加了使用的安全性。倒顺开关可实现前进和倒退两种功能，特别适合在狭窄的沟槽中作业。

(3) 机架上使用特制的橡胶减振垫及减振块双重减振，扶手与机架之间采用软性连接，可使操作时手感更加舒适。

(4) 振动平板夯适用于非黏性土壤的振动夯实。对于重黏土，若密实度达到 95%以上时，建议使用 HZR 型(内燃式)或 HZD 型(电动式)快速冲击夯。

四、技术参数

内燃式振动平板夯技术参数见表 3-1 和表 3-2。

表 3-1　HZR200 型内燃式振动平板夯技术参数

项目	参数	项目	参数
产品质量	160 kg	发动机	168 系列
振动频率	60 Hz	激振力	30 kN
前进速度	<25 m/min	爬坡能力	<25°
影响深度	25 cm	底板尺寸	73 cm×37 cm

表 3-2　HZR270 型内燃式振动平板夯技术参数

项目	参数	项目	参数
产品质量	260 kg	发动机	本田 GX270
振动频率	60 Hz	激振力	35 kN
前进速度	<25 m/min	爬坡能力	<25°
影响深度	30 cm	底板尺寸	88 cm×48 cm

第二节　使 用 方 法

一、操作安全须知

(1) 每次使用前应检查螺栓是否有松动，是否有足够润滑油。

(2) 使用中应严格按照汽油机说明书使用、维护及保养汽油发动机。

(3) 机器使用时应避免儿童及宠物靠近，防止出现意外。

(4) 使用前必须了解机器操作方法，未经过培训的人员禁止操作。

(5) 使用时应远离汽油、火柴等易燃物品，操作时禁止抽烟。

(6) 加油时，机器必须停止运转。

(7) 加油不要太满，油箱盖确保拧紧，以免溢出；若如有燃油溢出，应及时清理。

(8) 机器在工作中会排出有毒的一氧化碳气体，严禁在封闭的室内及不通风的场所工作。

(9) 工作中如有异常声音，应立即停机检查；停机检查时应确保发动机关闭以免机器突然启动。

(10) 操作中应轻握扶手，抓握过紧易因振动而对手臂造成伤害。

(11) 空机转速不得超过 3 500 r/min，否则会对发动机造成损伤。

(12) 当发动机很热时，不要触碰消声器，以免烫伤。

(13) 根据职业健康及安全条例的规定和要求佩戴批准使用的听力保护装

置；在粉尘环境下工作，应带护目镜和防尘面具；在热沥青混合的工地工作时，应穿防护服和靴子。

二、发动机操作步骤

(1) 打开燃油开关至右边最大处，冬天时，把风门旋至左边最大处；天气温暖时，不需要开风门。

(2) 把发动机开关顺时针方向旋至“ON”的位置，打开油门，注意不要全开；如果开全油门，发动机启动时，夯机振动较大。

(3) 一手握住控制手柄，另一手握住反冲启动手柄，拉反冲启动手柄直到感觉有阻力，然后使其返回，迅速拉启动手柄，反复拉直至发动机点火。

(4) 一旦发动机启动，将风门操作杆移至右边。

(5) 停止发动机，将油门关到理想位置，把发动机开关逆时针旋至“OFF”位置，关闭燃油(图 3-4)。

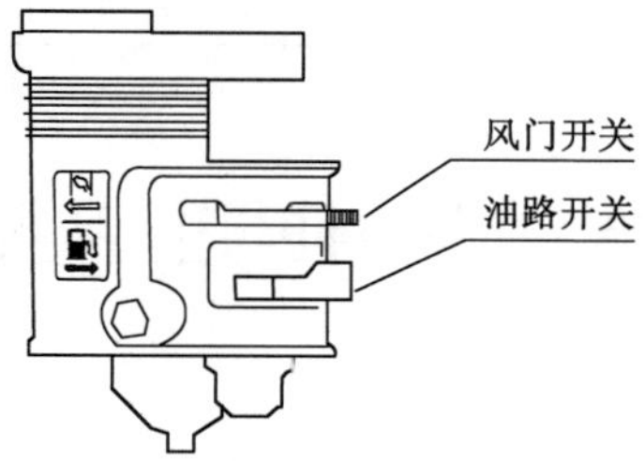

图 3-4　发动机风门和油门开关

发动机启动前，应打开油路开关，关闭风门开关，待机器启动后再打开风门，若机器不用时应关闭油路开关(图 3-5)。

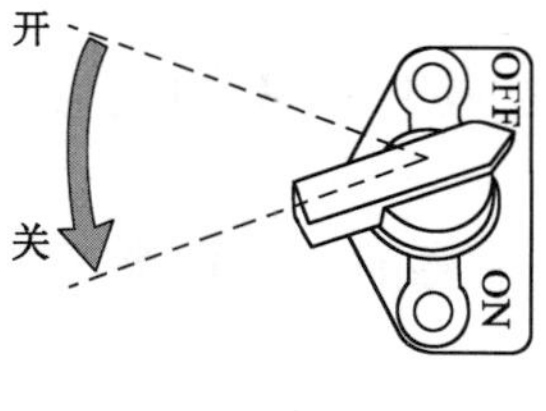

图 3-5　发动机开关操作指示图

操作者必须熟练掌握机器的开关位置，能够在紧急情况下做到马上熄火。

机油添加不易过高，也不能过少，应根据实际情况定期检查机油(图 3-6)。

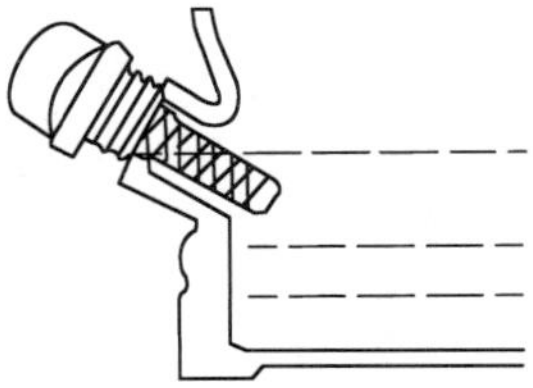

图 3-6 机油油位示意图

三、作业内容

(1) 夯实沙石基础时,石块粒径应小于 6 cm。不允许在已干硬的混凝土或沥青路面上作业,以防机构损坏。夯实沥青路面时,应随时在路面上洒水,以防止夯板黏连。

(2) 夯实回填土时,土壤的含水量应小于 20%,每个垫层的厚度应按施工技术人员要求进行,密实度要求达到 95%以上时,一般不要超过 30 cm,以求达到最佳夯实效果。

第三节 维护保养

一、注意事项

(1) 燃油管及连接部分应每隔 2 年更换一次。

(2) 定期检查燃油和机油是否滴漏,检查发动机油标,定期更换机油。换油时,拧下发动机下的排污螺钉,稍稍倾斜夯机排除污油。注意:发动机热时,污油容易排净。

(3) 定期清理空气滤芯,否则机器可能因滤芯堵塞不易启动,甚至缩短发动机寿命,见图 3-7。

(4) 新机器工作 200 h 后,取下 V 形带防护罩,检查传动带的松紧,见图 3-8。松弛或破损的 V 形带会降低传动的有效功率,且减少其本身的寿命。

(5) 如夯机振动变弱或失去正常操作都要立刻停机检查,重点检查 V 形带和离合器。检查 V 形带的同时核查离合器,取下皮带,用肉眼检查离合器的外鼓轮和 V 形槽是否磨损或毁坏。

二、保养事项

(1) 汽油发动机。应仔细阅读整机出厂时附带的进口汽油发动机的中文说明书,尤其是润滑油及汽油的添加应符合四冲程发动机的要求,以及空气滤清器的使用保养要求,否则可能缩短发动机的使用寿命。若发动机内部灰尘过多,有

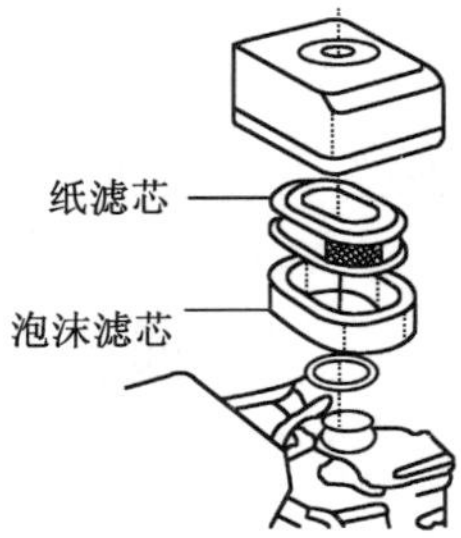

图 3-7　空气滤清器分解图

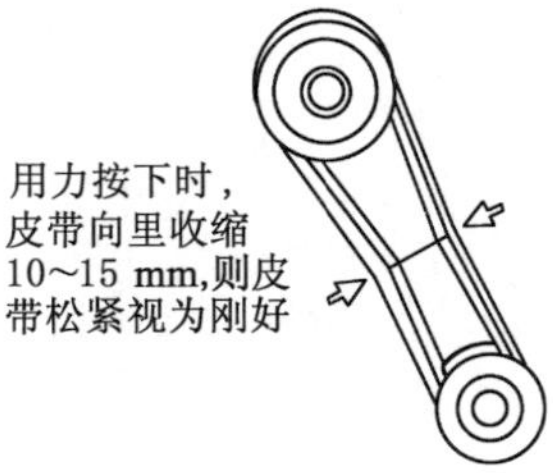

图 3-8　V 形带调整示意图

可能导致短路，造成机体带电，应及时拆开清洗磁电机部位。

(2) 电动机。必须使用 3 根 4 mm^2 和 1 根 2.5 mm^2 以上的软电缆线(4 kW 电动机)，并注意黄绿双色线为接地线。每班开机前应检查电缆线绝缘层是否损坏，开关盒及接线盒内的接线螺钉是否松动，如有损坏或松动应立即更换或拧紧。电缆线损坏或接线松脱都会造成短路；缺相烧毁电动机，危及操作人员的人身安全。

(3) 每班工作前应检查各部位锁紧螺钉、螺帽，如有松动应及时拧紧。

(4) 工作中如激振器表面温度升高超过 60 ℃(环境温度加上 60 ℃)，应立即停机检查；如轴承损坏，应立即更换。

(5) 每班使用前检查汽油发动机润滑油和汽油油位的高度，汽油箱装满(4 L)可连续工作 4 h，应及时补充。发动机首次使用一个月应更换润滑油，之后可半年更换 1 次。

(6) HZR120 型及 HZD160 型振动平板夯的激振器采用 20# 机械油润滑，前端设有加油孔，应经常补充，并应每 3 个月更换 1 次。此种机型激振器两端设有排气孔，以降低内腔油气压力，有少量油雾喷出属正常现象。

(7) HZR120B 型、HZR160 型及 HZD200 型振动平板夯的激振器采用钠基或锂基润滑脂润滑，激振器两端设有黄油嘴，每班至少加油 1 次。切勿使用钙基润滑脂，以保证高速运转的重载轴承的使用寿命。

(8) HZD200 型振动平板夯在工作中若需换向，应将倒顺开关在停止的位置上保持 3 s 以上，待电机停稳后再换向，以免电机启动电源过大、降低寿命。

(9) HCD160 型及 HZD200 型振动平板夯在操作时要防止机体从电缆线上驶过，以免发生短路或缺相、漏电事故。

(10) 发动机转速过低时，离合器会产生打滑现象，影响离合器的使用寿命也会导致机身剧烈抖动，甚至夯板不能正常起振，工作时应将油门开关置于中挡偏上的位置。

(11) 启动汽油发动机时，应将阻风门关闭，待启动后，再将阻风门打开，然后再加大油门至夯机正常工作。每班工作结束后，应将汽油发动机机身上的油门关闭，以免淹缸致使再次启动困难。

(12) 夯实水坝等较大坡度的作业面时，应适当减少汽油发动机的润滑油填充量，以免淹缸致使发动机不能正常工作。

(13) 搬运时应使用夯板上的起吊环，切忌硬拉扶手或保护架，以免损坏机架上的减振块。

三、常见故障与排除方法

平板夯常见故障与排除方法具体见表 3-1。

表 3-1　平板夯常见故障与排除方法

症状	可能出现的问题	解决方法
行走速度过慢、振动较弱	发动机转速低	把发动机调节到最佳转速
	离合器打滑	检查或更换离合器
	V 形带打滑	调整或更换 V 形带
	振动中机油溢出	放出过多的机油至合适的油标位置
	轴承出现故障	更换轴承
	发动机输出功率不足	检查发动机的压缩冲程
启动困难，有油但火花塞不产生火花	火花塞没有接好	检查间隙、绝缘材料或更换火花塞
	是否有积炭	清理或更换火花塞
	由于绝缘材料的缺陷导致短路	检查绝缘材料，若破损就更换
	火花塞间隙不合适	调节合适的间隙
	开关是否短路	检查开关线或更换开关
有油，火花塞正常，但启动困难	油号是否加错	冲洗燃油系统或更换合适的燃油
	燃油系统内有水或杂质	冲洗燃油系统
	空气滤清器较多灰尘	清洗或更换空气滤清器
化油器中无油	油箱中没油	加油
	燃油开关不能开到位	更换开关
	燃油过滤器堵塞	更换燃油过滤器
	油箱盖进气口堵塞	清理或更换油箱盖
	油管中有空气	放油

表 3-1(续)

症状	可能出现的问题	解决方法
发动机过热	火花塞热值不合适	更换正确类型的火花塞
	油号不合适	更换合适的汽油
	散热片太脏	清理散热片
转速有波动	调速器没调好	重新调整
	调速器弹簧出错	更换弹簧
	油路受到限制	检查整个燃油系统是否有堵塞或泄漏
反冲启动失灵	反冲装置被灰尘阻塞	用肥皂水清洗反冲装置
	螺旋簧过松	更换螺旋簧

第四章　路面切割机

第一节　概　　述

一、用途

路面切割机具有结构紧凑、性能可靠、操作简便等特点(图 4-1),是工程建筑中的常用机器,广泛用于沥青路面、混凝土及砖石路面等结构物的切割作业。

图 4-1　路面切割机

二、结构组成

路面切割机由操纵底盘、座身框架、上升螺旋、水箱、发动机、传动系统、切割工具(金刚钻锯条)、控制系统(节流阀或开关)以及向导轮等构成。

三、工作原理

发动机通过传动系统驱使金刚钻锯条运动。机器在切割作业时,操作上升螺旋的手轮可控制和调整切割深度。水箱中的冷却水均匀地喷洒在锯条的外刃表面以达到冷却、润滑及去除碎片的作用。安装在切割机前面的向导轮用来标记切割位置。发动机的速度可通过控制系统调整。

四、技术参数

常用路面切割机技术参数见表 4-1。

表 4-1 常用路面切割技术参数

型号	400RC	350RC
刀片尺寸	16″	14″
最大切割深度	150 mm	120 mm
水箱容量	37 L	
动力	6.5 kW	
发动机旋转速度	3 600 r/min	
总质量	184 kg	
外形尺寸	1 150 mm×650 mm×900 mm	

第二节 使用方法与保养

一、机器操作及维护

(1) 启动前,应仔细阅读说明书中的操作指南和注意事项,根据要求检查所有发动机部件。

(2) 检查所有连接设备和支撑设备是否松动,确认 V 形带被正确紧固。

(3) 旋转手轮以检查提升机械的正常运作,锯条下边缘至少距离路面上方 20 mm。

(4) 水箱加水。

(5) 按照步骤启动发动机。正常作业前发动机需空转至少 5 min 以预热机器。检查发动机以确保机器正常运转。

(6) 在添加新锯条进行切割工作前,锯条应被打磨锋利。打磨时,使锯条刀片在具有阻力的材料上(例如耐火砖、沙轮等)切割和磨砺,并打开水箱出水阀。当锯条表面显现出菱形金刚钻时,表示锯条已可被正常使用。

(7) 开始切割时,放下向导轮并调整其与被切割目标排成一行。

(8) 启动发动机,并根据不同材料的要求调整速度。一般情况下,在切割材料时,发动机速度要求更高。

(9) 打开水箱出水阀。U 形管中的冷却水会喷射到锯条两边。水沿切线方向被投射进切割边缘。

(10) 旋转升降手轮使锯条逐渐切割进入目标切割深度。然后沿向导轮指示的方向平稳地向前推进切割机。切割时,需慢慢向前推进移动机器,不可快速猛烈地推动机器。如果超过负荷,会阻滞锯条工作甚至对其产生伤害。

(11) 切割机在工作时只可向前推进,不可向后移动。工作时应时常检查切割机是否正常运作,如有异常情况发生,立刻停机并仔细检查。

(12) 最佳切割深度应保持在最大切割深度的 2/3 左右。进行深入切割操作时,可分步逐渐达到所需的切割深度。

(13) 停止切割时,应首先将锯条提起,在锯条与被切割物完全分离后,再停止发动机。重新启动机器时,锯条应远离被切割物体。只有当锯条与被切割材料分离时,机器才可被移运。

(14) 切割机工作时,操作者应避免与锯条接触,防止意外事故发生。

(15) 如发现锯条上有裂痕或大量金刚钻脱落,应及时更换锯条。

(16) 工作时每隔 5 h 应按要求检查发动机油。

(17) 切割完成后,锯条应至少距离路面上方 20 mm。先关闭水箱出水阀,减弱节流阀,并使发动机停机前空转 2～3 min,待发动机停机后关闭油阀。

(18) 机器结束每日工作后,清理切割机和锯条,并检查各固定部件有无松动。

(19) 如切割机长期不使用,应根据机器的储存保管要求做好机器保护工作,并将锯条拆下放置于干燥处保存。

二、安全注意事项

(1) 操作者必须在使用机器前阅读切割机操作指南及发动机操作指南,完全了解其意后,方可操作机器。

(2) 启动发动机前,应根据燃料标准加入清洁的燃油。

(3) 新发动机在正常运行前,需要根据要求进行空转。空转期间,切割深度不超过最大切割深度的 2/3。

(4) 发动机最大转速出厂前已被设定,用户不可随意增大。

(5) 切割机若无安全防护罩(锯条罩、皮带罩),不可启动或使用。

(6) 启动发动机时,锯条与被切割材料至少保持 20 mm 距离。

(7) 发动机开始工作后,如需停机,应将发动机空转片刻。

(8) 严禁在以下情况给发动机添加燃油:

① 发动机运作时;

② 发动机过热时;

③ 机器周围有明火。

(9) 冷却水不足的情况下,严禁机器进行物料切割。

(10) 在发动机和锯条停止工作前,严禁检查和运输机器。

(11) 操作人员在离开切割机时,应首先关闭发动机。

(12) 长期不使用切割机时,应将机器内燃油排干。

三、切割机的调整和维护

(1) 经常检查切割机,发现问题后及时解决以保证机器的正常运转。

(2) 发动机的调节需参照发动机操作指南的要求进行。

(3) 在调整V形带的紧固性时,应首先松开发动机固定卡扣上的固定螺栓,然后旋转调整螺栓将发动机后移,当紧固性调节适当时固定螺栓。

(4) 应根据"发动机操作指南"中的要求对发动机进行维护保养。

(5) 机器工作日内,打开上升螺旋罩盖并在其螺纹上涂抹机器润滑油,并向位于上升螺旋的摆动支座上的主轴承(两处)和滑油嘴内注入润滑油。

(6) 每隔 2 000 h,按下列各项对机器进行保养维护:

① 拆除主轴承座进行清理和检查工作。添加新润滑油,必要时更换新密封件。

② 拆卸上升螺旋进行清理和检查工作。添加新润滑油,必要时更换新密封物。

③ 拆除主动轮进行清理和检查工作。打开每个轴承密封盖添加新润滑油。

④ 水箱中出水口的杂质应及时清除,以保证水路畅通。

第三节 柴油机的操作

一、安全操作注意事项

(1) 燃油必须清洁,在使用前须经过 24 h 沉淀或用绸布过滤。

(2) 柴油机在运转时绝不可向燃油机、曲轴箱加油。

(3) 柴油机四周不可有易燃、易爆物品;使用场所要平整且通风良好。

(4) 柴油机在运转时或停机还未冷却时,严禁用手触摸消声器。

(5) 柴油机应在标定功率及转速范围内工作,运转中若发现不正常现象,应及时停车并排除故障。

(6) 新机或大修理的柴油机必须经过低转速、轻负荷 20 h 的磨合阶段,严禁一开始就高速、满负荷工作。

二、启动前的准备

(1) 柴油机只可使用轻柴油,夏天用 0 号,冬天用 −10 号或 −20 号,柴油和油箱内不得有灰尘或水。常用油箱型号参数见表 4-2。油箱口示意图见图 4-2。

表 4-2　常用油箱型号参数

型号	170F	178F	186F
容量/L	1.9	2.7	4.7

图 4-2　油箱口示意图

(2) 不要冲洗空气滤清器芯，因为该部件为干型。当柴油机输出不良，排出废气颜色不正常时，应立即更换芯子，严禁不用过滤芯子就启动柴油机。

(3) 冬天温度较低时，柴油机不易启动，应在启动前，取下气缸罩的加油螺塞注入 2 mL 机油后旋回加油螺塞，并保持其处于紧固状态。如加油螺塞松动，发动机内会吸入灰尘导致机器损坏。

(4) 向下推动减压杆启动机器。发动机内的燃油和机器油在出厂前会逐渐消耗完，因此在启动前应检查燃油。若管道中有空气应排空。具体方法为：松动压注泵与导油管和排油管之间的连接螺母，排空管道中空气直到燃料中没有气泡(图 4-3)。

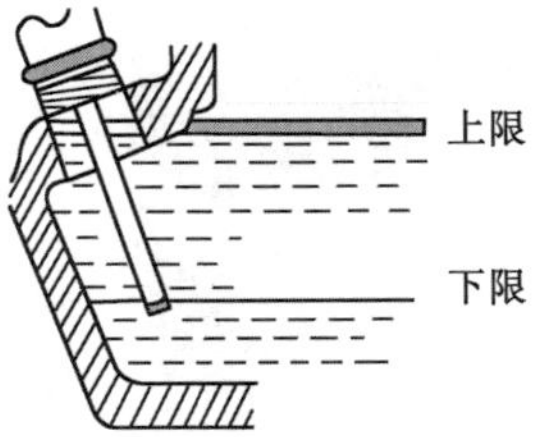

图 4-3　机油油箱检视图

(5) 将发动机水平放置，向入口注入润滑剂。检查油量时，将油表轻放入口，不要转动量油表。

(6) 当柴油机出厂不久时，超载使用柴油机会缩短机器寿命。最初 20 h 内要开开停停并按试车方式运转。

试车期间要避免超负荷，定期更换机油。

初运转时，每隔 20 h 或在初运转第一个月，月末更换机油一次；以后每隔 3 个月或 100 h，更换机油一次。

三、启动柴油机

（一）反冲式手拉启动

机器运行时，切勿拉反冲把手，否则会造成机器受损。柴油机启动见图 4-4。

图 4-4　柴油机启动示意图

反冲式启动：按下减压杆（非压缩点）不要松开，同时拉反冲启动器 2～3 次（不要开动柴油机）。

电机式启动：使减压杆保持在非压缩点位置，让发动机转动 2～3 s，此时拨动钥匙至“启动”位置（不要松开柴油机）。

（二）辅助启动

若在冬天温度较低时，柴油机不易启动，应在启动前，取下气缸罩的加油螺塞注入 2 mL 机油。

注意：供应热带地区的发动机不带有此加油螺塞（装有实心塞代替）。

第四节　柴油机的技术维护

一、日常检查与维护

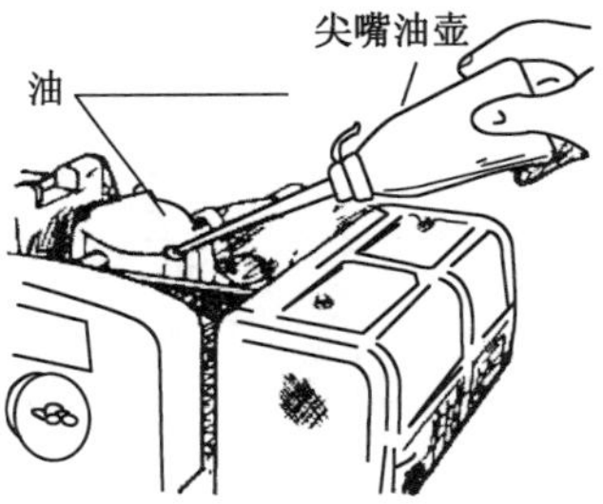

图 4-5　柴油机维护示意图

检查机油面高度是否在机油尺上下线之间；检查是否漏油；清除柴油机及其配件上的泥垢、油污、保持整机清洁；排除运转过程中出现的故障，具体见图 4-5。

二、定期检查与维护

为了使机器正常工作并持久耐用，定期的检查及维护是相当重要的。柴油机检查与维护注意事项见表 4-3。

表 4-3　柴油机检查与维护周期及事项

项目	每天	每 1 个月或 20 h	每 3 个月或 100 h	每 6 个月或 500 h 后	每年或 1 000 h 后
检查及旋紧螺母和螺栓	○				
检查及加注油	○				

表 4-3(续)

项目	每天	每 1 个月 或 20 h	每 3 个月 或 100 h	每 6 个月 或 500 h 后	每年或 1 000 h 后
更换机油		○ (第一次)	○(第二次 和以后)		
清洁及更换润滑油滤清器				○	●(更换)
检查是否漏油	○				
更换空气过滤器芯		若在多尘地区使用, 要缩短检查维修周期		○	
清洁燃油箱	每月				
清洁或更换燃油滤清器				○(清洁)	○(更换)
检查喷油嘴				●	
检查喷油泵				●	
检查燃油管道				○(如有需 要可更换)	
调整进气/排气门间隙		● (第一次)		●	
研磨进气/排气门座					●
更换活塞环					●
检查蓄电池电解液	每月				
清洁空气滤清器芯		○(清洁)每月 或每 50 h			

空气滤清器芯(图 4-6)损坏意味着进入燃烧室的空气减少,这会减小柴油

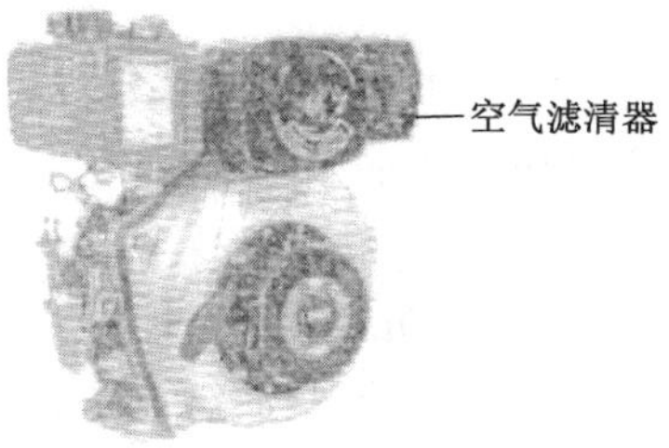

图 4-6　空气滤清器位置

机输出功率，增加润滑油、燃油的消耗量并使启动困难，应经常清洁空气滤清器芯，若有损坏，应及时更换。

三、长期存放

若要长期存放柴油机(图 4-7)，按照下列事项操作：

① 机器运行 3 min 再停止。

② 停止柴油机，在机器还没冷却前排出润滑油，然后注入新机油。

③ 拆下气罐盖罩上的密封塞并加入 2 mL 左右润滑油，然后把密封塞返回原处。

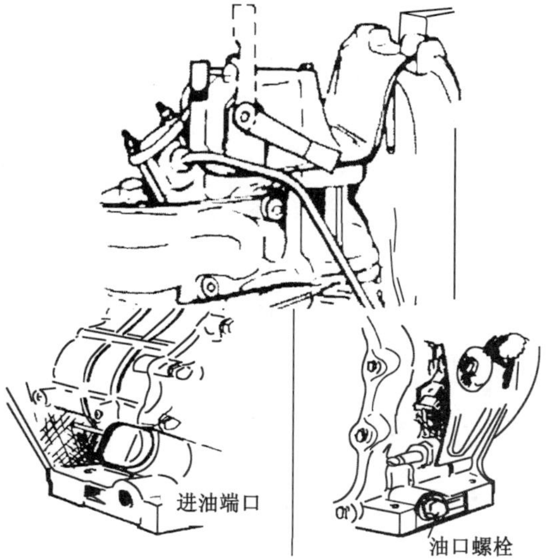

图 4-7　长期存放保养示意图

④ 反冲式启动。

按下减压杆(非压缩点)不要松开，同时拉反冲启动器 2～3 次(不要开动柴油机）。

电机式启动时减压杆保持在非压缩点位置，让发动机转动 2～3 s，此时启动钥匙旋转至“启动”位置（不要松开柴油机）。

⑤ 拉上减压杆，慢慢拉起反冲启动器直至感觉有阻力时停止，这样就关闭了进气和排气阀门（在压缩位置，可防止生锈）。

⑥ 从机体清除出机油及脏物，并把柴油机放置在干燥的地方。

第五章　钢筋弯曲机

第一节　概　　述

一、用途

钢筋弯曲就是将切断后的钢筋用冷弯的方法，把钢筋弯成设计的形状。钢筋弯曲在钢筋加工作业中，工作量较大，而且弯曲成型的尺寸是否符合要求，直接影响构件的质量，因此是钢筋加工作业中的重点。

钢筋弯曲是将已调直、切断的钢筋弯曲成所需要的形状。钢筋弯曲机是利用工作盘的旋转，将已切断的钢筋，按配筋图要求进行弯曲、弯钩、串箍、全箍等所需形状和尺寸的专用设备，以满足钢筋混凝土结构中对各种钢筋形状的要求。

用机械弯曲钢筋，本章着重介绍钢筋弯曲机和钢筋弯箍机两种（图 5-1）。从当前使用情况来看，钢筋弯曲机用来弯曲 12～40 mm 的粗钢筋，弯箍机用来弯曲 12 mm 以下的细钢筋。现将这两种钢筋弯曲机械的性能、原理和操作分别叙述如下。

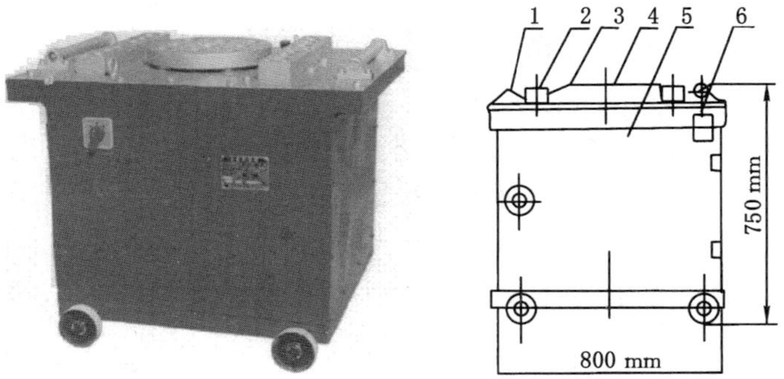

(a)　　(b)

1—送料棍；2—插入座；3—油杯；4—工作盘；
5—机架；6—控制按钮开关。

图 5-1　GW40/GW50 型钢筋弯曲机

二、基本组成

（一）心轴

钢筋弯曲机有直径为 16 mm，20 mm，25 mm，35 mm，45 mm，80 mm，75 mm，85 mm，100 mm 等 9 种规格的心轴，主要是为了保证弯曲钢筋的弯曲半径。按规定，钢筋半圆弯钩的弯曲半径是 1.25 倍钢筋直径，因此不同直径钢筋弯钩的弯曲半径数值是不同的，如弯一根直径 6 mm 钢筋的弯钩，弯曲半径是 7.5 mm，那么可选择 16 mm 的心轴，而弯一根直径 25 mm 钢筋的弯钩，弯曲半径是 31 mm，则可选择 60 mm 的心轴。

（二）成型轴

成型轴是为了在钢筋弯曲操作时，使弯曲部分的圆弧符合预定要求，就必须使钢筋紧贴在成型轴和心轴间。成型轴孔和心轴孔的距离是一个定值，因此成型轴至心轴的距离随着钢筋和心轴直径的变化而变化，成型轴如果只采用一个直径就不能适合操作要求，为此可在成型轴上加一个偏心套，见图 5-2。

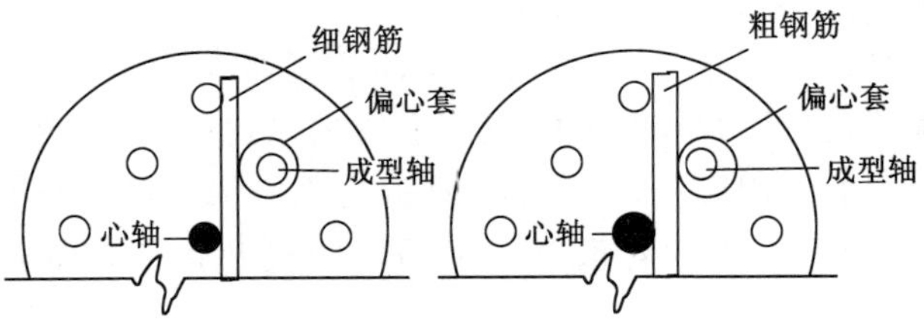

图 5-2　弯曲控制面

例如采用一个直径为 105 mm，偏心距为 22 mm 的偏心套，成型轴和心轴间的距离就可适应 44 mm 的变化，并且钢筋取出、放下也就十分方便了。

（三）挡铁轴

挡铁轴的作用是固定钢筋的位置，使钢筋在弯曲过程中不发生移动。钢筋和挡铁轴不发生摩擦，而是轴套环绕挡铁轴发生旋转。

（四）可变挡架

钢筋挡架在弯曲细钢筋时，如果仅单独采用挡铁轴，心轴和挡铁轴之间的钢筋会发生向上拱的现象。为使钢筋成型准确，一般应采用钢筋挡架，钢筋挡架有可变挡架和实体挡架两种形式。

可变挡架的挡板支撑杆是可调的，当弯曲粗钢筋时，将挡杆缩短；弯曲细钢筋将挡杆调长，使挡架的挡板紧贴钢筋，见图 5-3。

实体挡架内有两个渡轮，可减少钢筋和挡架的摩擦，挡架结实耐用，较适宜弯同规格的钢筋，见图 5-4。

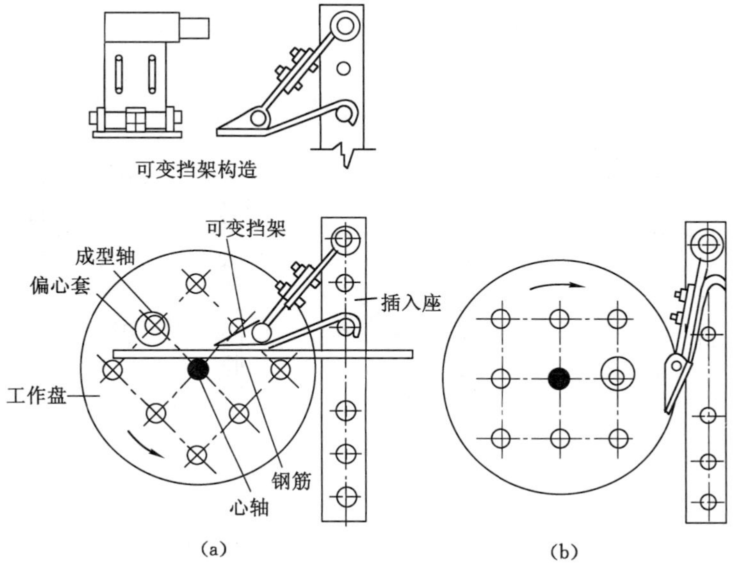

图 5-3　可变挡架

(a) 可变挡架使用;(b) 可变挡架安全脱开

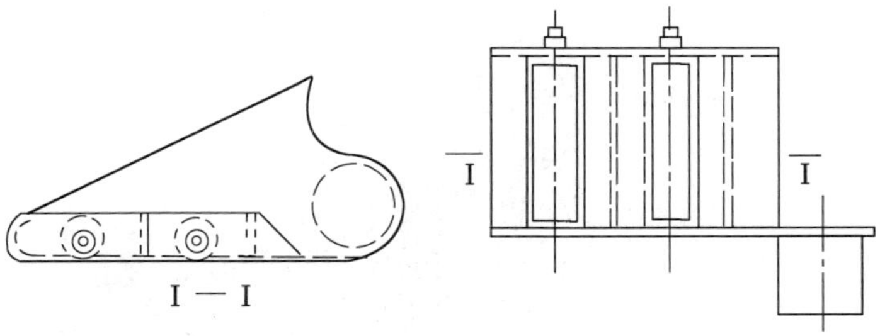

图 5-4　实体挡架

使用钢筋挡架是很安全的,当钢筋成型后,工作盘反转,超过起始位置时,挡架的挡板钩能在挡柱体上滑脱,使挡架离开工作盘,避免损坏设备。

(五) 变速齿轮

电机产生的力矩通过大皮带传动轴到变速齿轮,变速齿轮的大小是可变换的,当传动轴上是一个 19 齿的小齿轮带动 37 齿的大齿轮,这时工作盘转速是 3.7 r/min;如果把两个齿轮换成同样大小,即都是 28 齿的,那么工作盘的转速就快了,成为 7.2 r/min;若将大小齿轮换一个位置,由 37 齿的大齿轮带动 19 齿的小齿轮，那么工作盘转得就更快了，转速可达 14 r/min(图 5-5)，所以弯曲机上都多备有两个齿轮，准备更换。

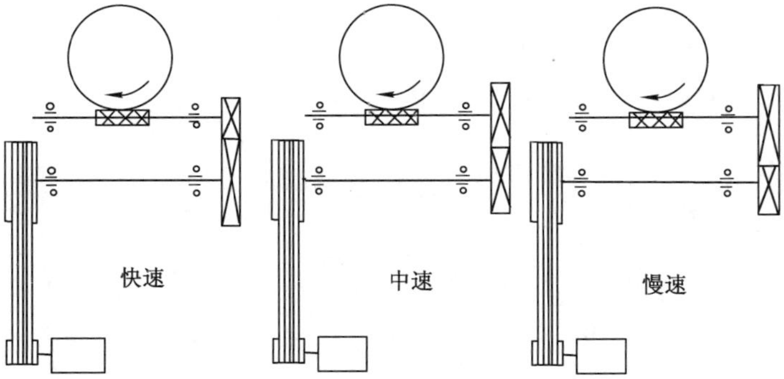

图 5-5 齿轮变换和工作速度

但要注意，在更换了齿轮后，工作盘的转速变化了，允许弯曲钢筋的直径也随之变化，严禁用高速弯粗钢筋，以免造成设备损坏。

钢筋弯曲机的动力是由 3 kW、1 440 r/min 电动机传动大皮带轮，大皮带轮通过传动轴到变速齿轮上，变速齿轮经过蜗杆、蜗轮减速换向装置使钢筋弯曲机工作台面上的工作盘转动，钢筋弯曲机的机械构造可参见图 5-6。

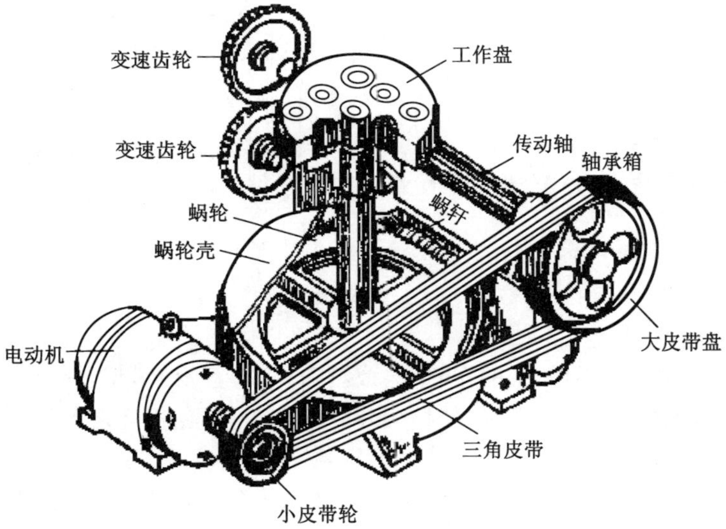

图 5-6 钢筋弯曲机的机械构造

弯曲钢筋主要是依靠工作盘进行操作，工作盘是一个铸钢制成的圆盘，圆盘上有 9 个轴孔，中心的一个孔插心轴，周围的 8 个轴孔插成型轴。当圆盘转动时，心轴和成型轴都在转动，由于心轴在圆心上，圆盘虽在转动，但位置并没有移动，而成型轴却围绕着心轴做圆弧转动，如果钢筋一端被挡铁轴阻止自由活动，那么钢筋就被成型轴绕着心轴进行弯曲，这就是钢筋弯曲机的基本工作原理。

用一根钢筋的弯曲操作实例可以说明这个问题，从图 5-7 可以看出，首先将钢筋放在工作盘的心轴和成型轴间[图 5-7(a)]，开动弯曲机，工作盘开始转动，当工作盘转 90°时，成型轴也转动 90°，由于钢筋一端被挡铁轴阻止不能移动，成型轴就将钢筋绕着心轴弯成 90°弯钩[图 5-7(b)]，如果工作盘继续旋转到 180°，成型轴也就把钢筋弯成 180°弯钩[图 5-7(c)]；用倒顺开关使工作盘反转，成型轴回到起始位置，即弯曲结束[图 5-7(d)]。

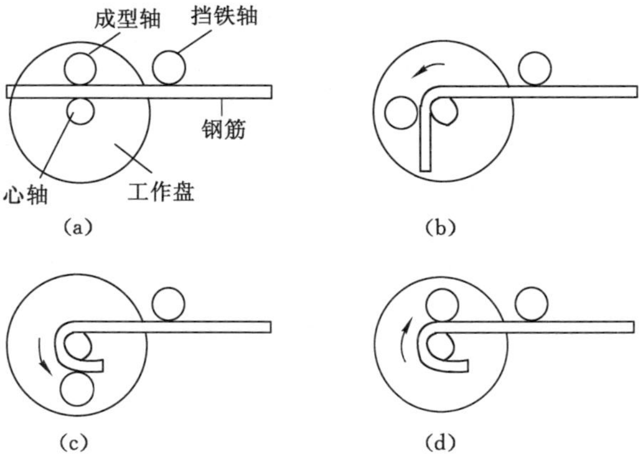

图 5-7　钢筋弯曲操作示意

过去曲线形钢筋是靠手工加工成型的，劳动强度大，生产效率低，圆弧曲线不正确，影响新型构件(如非预应力鱼腹式吊车梁)的推广。经过革新，创造一些可在普通钢筋弯曲机上加工曲线型钢筋附件。

曲线钢筋机械成型示意如图 5-8 所示。进行操作时，工作盘逆时针旋转，钢筋从弯曲机右侧送进，从弯曲机左侧送出，钢筋即加工成为符合要求的曲线钢筋。

从图 5-8 可以看到以下几个主要附件：

(1) 顶弯钢套：共计 4 个，外径为 75 mm、高 70 mm，套在直径为 45 mm 的短轴上，短轴插进工作盘插孔，顶弯钢套通过工作盘的转动，将钢筋顶成曲线形。

(2) 推进十字架：放置在 4 个顶弯钢套中间，十字架中间的一个钢套和顶弯钢套相切。十字架和钢筋接触不起顶弯作用，仅起将钢筋向前推进作用。推进

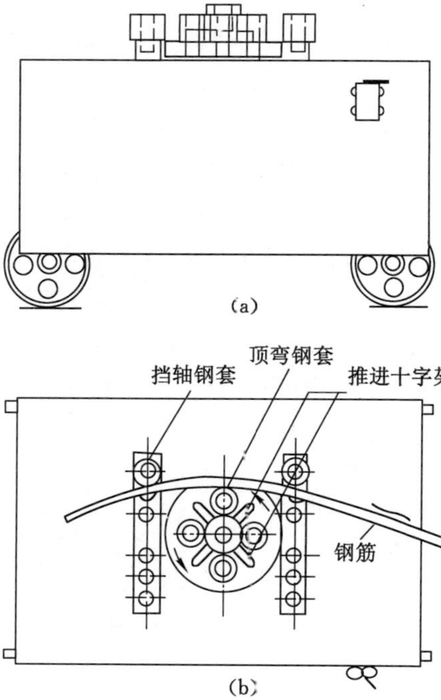

图 5-8　曲线钢筋成型示意图
(a) 侧视图;(b) 俯视图

十字架和钢套见图 5-9。

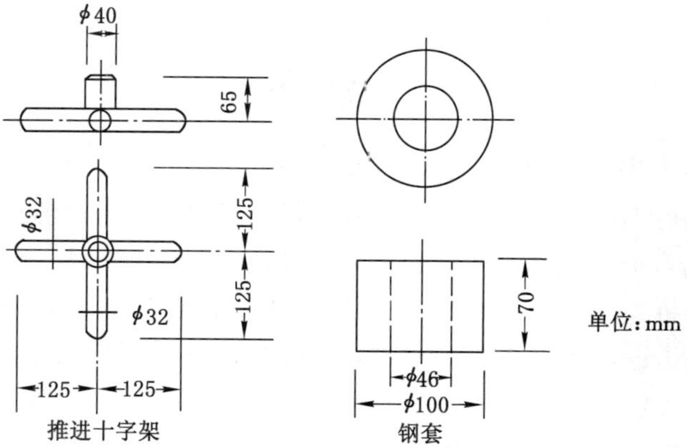

图 5-9　推进十字架和钢套

(3) 挡轴钢套:左右共 2 个,是弯制钢筋曲率的部件,钢套高 70 mm,外径则根据钢筋曲率和直径来确定，其钢套外径尺寸可参照表 5-1 选用。

表 5-1 挡轴钢套外径尺寸参考表 单位：mm

吊车梁型号	钢筋直径	右侧挡轴钢套外径	左侧挡轴钢套外径
DL-1-4	ϕ18	90	100
	ϕ20	85	100
	ϕ22	70	85
DL-5-10	ϕ22	85	85
	ϕ25	75	85
	ϕ28	75	80
	ϕ32	50	70

三、技术性能

常用的钢筋弯曲机有三个工作速度：低速为 3.7 r/min，适宜弯制直径为 25～40 mm 的钢筋；中速 7.2 r/min，适宜弯制直径为 18～22 mm 的钢筋；高速为 14 r/min，适宜弯制直径为 18 mm 以下的钢筋。钢筋弯曲机性能参见表 5-2，钢筋弯曲机每次能弯钢筋根数参数见表 5-3。

表 5-2 钢筋弯曲机性能

项目	单位	参数
钢筋直径	mm	6～10
工作盘直径	mm	350
工作盘转速(3 档)	r/min	3.7、7.2、14
电动机功率	kW	2.8

表 5-3 钢筋弯曲机每次能弯钢筋根数表

HPB 235 级钢筋直径/mm	工作盘转速/(r/min)		
	3.7	7.2	14
6			13
8			12
10			8
12		6	
14		4	
16～19	3		不能弯
20～26	2	不能弯	不能弯
28～40	1	不能弯	不能弯

第二节　钢筋弯曲机操作要点和质量要求

一、钢筋弯曲机的操作要点

（1）操作钢筋弯曲机时应注意工作盘的速度和允许弯曲钢筋直径的范围。在允许范围内，小直径钢筋可以排列成道线状同时弯曲，如采用低速时可弯一根直径 32 mm 以上的钢筋，同时也可以弯 2 根直径 25 mm 的钢筋。

（2）用钢筋弯曲机进行操作时，由于成型轴和心轴在同时转动，就会带动钢筋向前滑移。钢筋弯曲点线的标识方法虽然与手工弯曲一样的，但在操作时放在工作盘上的位置就不同，在钢筋弯曲前，应试弯一下摸索规律。一般弯曲点线和心轴的关系见图 5-10。

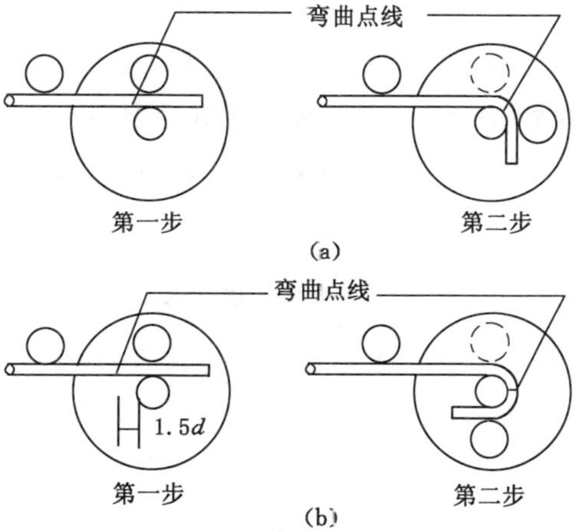

图 5-10　弯曲点线和心轴的关系

(a) 弯 90°；(b) 弯 180°

（3）正式操作前，应检查机械各部件、油杯以及蜗轮箱内的润滑油是否充足，然后空载试运转，待运转正常后，再正式操作。

对于新购设备，齿轮间还不是十分密合，因此在初步使用阶段，钢筋弯曲的规格要比规定的小一级。

（4）操作中应集中注意力。首先应熟悉倒顺开关控制工作盘旋转的方向，钢筋放置要和挡架、工作盘旋转方向相配合，不要放反。在变换工作盘旋转方向时，要从正转→停止→倒转，不要直接从正转→倒转或倒转→正转。

（5）严禁在弯曲机运转过程中更换心轴，成型轴也不允许在运转过程中加油或清扫。

(6) 弯曲机机身要接地,电源严禁接在倒顺开关上,应另设闸刀控制。

二、质量要求

(1) 钢筋成型后形状正确,平面上没有翘曲不平的现象。

(2) 钢筋末端弯钩的净空直径应等于或大于钢筋直径的 2.5 倍。钢箍的弯钩形式,一般结构用直钩,其平直部分应等于或大于箍筋直径的 5 倍。如为抗震结构,应为 135°弯钩,其平直部分应等于或大于箍筋直径的 10 倍。

(3) 钢筋弯曲处不得有裂缝,HRB335 及其以上的钢筋经过弯曲后不能再回弯。

(4) 钢筋弯曲成型后的允许偏差不得大于以下数值:① 全长±10 mm;② 弯起钢筋起弯点位移 20 mm;③ 弯起钢筋的弯起高度±5 mm;④ 箍筋边长±5 mm。

第三节 钢筋弯曲机的构造与使用

钢筋弯曲机是弯制钢筋的专用机械,其工效为手工操作的 5～7 倍,它的弯曲角度可在 0°～180°范围内任意调节,特别适宜于弯制同一角度形状的钢筋制品。

一、构造

图 5-11 为钢筋弯曲机的构造原理图,从图中可以看出,电动机通过三级变速使圆盘转动,圆盘转速为 31 r/min,圆盘上有一个偏心铰,通过它带动两个连杆,连杆与两个齿条铰接,在连杆的带动下,齿条沿滑道做水平往复运动以带动两个垂直齿轮,垂直齿轮通过竖轴使两个工作盘在一定角度内往复运动,工作盘上装有心轴(同心轴)和成型轴(偏心轴)各一根,工作原理和钢筋弯曲机基本相同。

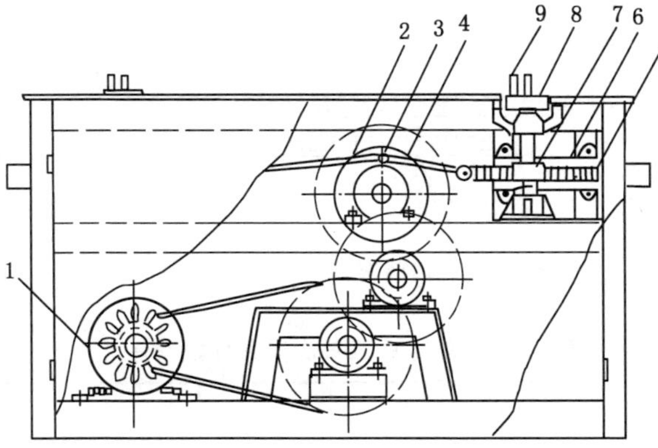

1—电动机(960 r/min);2—偏心圆盘(ϕ240 mm);3—偏心铰;4—连杆;5—齿条;6—滑道;7—正齿轮;8—工作盘;9—心轴、成型轴。

图 5-11 钢筋弯曲机的构造原理图

二、使用

调整不同弯曲角度，只需改变齿条和垂直齿轮开始时啮合的位置，就可以使弯曲角度在 0°～180°范围内变化。

一台钢筋弯曲机通常有两组上述的机构，因此弯曲机台面上有 4 个工作盘在工作，见图 5-12，这 4 个工作盘可以由 4 个人或 2 个人同时操作。在弯曲机台面上还可装置固定挡板和定尺板，用螺栓固定在孔槽上。当采用 960 r/min、3 kW的电动机作为动力以及工作盘转速为 31 r/min 的情况下，可以弯制直径 12 mm 的钢筋。对不同直径每次弯曲的根数可参照表 5-4。用弯曲机弯制钢筋的顺序与手工弯曲不同，如果钢筋弯钩部分采用 90°弯，那么只要使用一个工作盘即可；如果要求钢筋弯钩内有一个 35°弯，则要同时用两个工作盘操作。图 5-13为带一个 35°弯钩的箍筋弯制顺序。

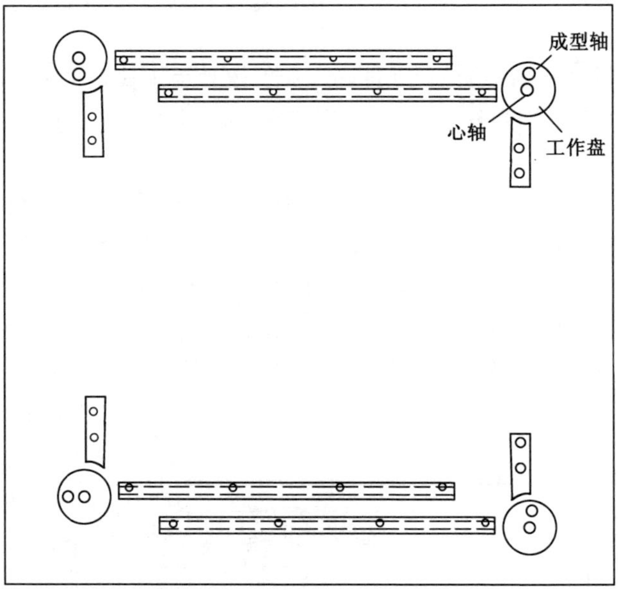

图 5-12　钢筋弯曲机的工作台面

表 5-4　钢筋弯曲机每次弯曲根数参考

钢筋直径/mm	4	6	8	10	12
每次弯曲根数	10	6	3	2	1

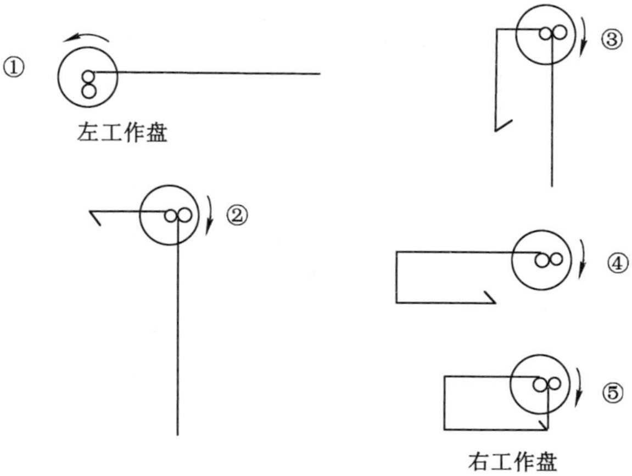

图 5-13　钢筋弯制顺序

第四节　钢筋弯曲机的维护保养

钢筋弯曲机属于简易电动机具，其定期维护可分为每班维护和定期维护两级，定期维护间隔期为工作 400～600 h，也可在工程竣工后或冬修期内进行。其维护规程及润滑参见下表。

一、每班维护作业项目及技术要求(表 5-5)

表 5-5　每班维护作业项目及技术要求

序号	维护部件	作业项目	技术要求
1	电器检查	检查	1. 接线牢固、开关及磁力启动器灵敏可靠； 2. 熔断器、接地装置良好
2	V 形带	检查	1. 各带松紧度一致； 2. 用拇指按住 V 形带中间部位，绕度允许在 10～15 mm 之间
3	工作装置	检查	1. 安装牢固，位置不偏移； 2. 咬合良好，不松动
4	各个连接件	检查、紧固	1. 工作盘转动灵活，无卡阻现象； 2. 挡板卡头安装牢固，无缺损
5	各个运转部件	检查	运转平稳，无异常撞击声
6	整机	清洁、润滑	清除油污、尘土；按规定进行润滑作业

二、定期维护作业项目及技术要求(表 5-6)

表 5-6　定期维护作业项目及技术要求

序号	维护部件	作业项目	技术要求
1	电器元件及发动机	拆检	1. 各个电器元件如有漏电、动作不灵敏应予更换； 2. 电动机内部清理，轴承松动更换
2	V 形带及 V 形带轮	拆检	1. V 形带如有磨损、开裂或松紧度不同时应予更换； 2. 两个 V 形带应在同一平面内
3	减速装置	拆检	1. 蜗轮、蜗杆表面无损伤，其间隙应小于 1.5 mm； 2. 齿轮表面无损伤，其侧向间隙应大于 1.7 mm
4	主轴及工作盘	拆检	主轴与工作盘的配合、轴套与轴键的配合如有松动应维修或更换
5	行走轮及轴	拆检	清洗润滑轴承，更换磨损的轴承；行走轮轴应校正
6	各连接件	拆检	配齐缺少或损坏的螺栓、垫圈等配件
7	机架	拆检	机架变形应校正，框架如有开焊、弯曲应修复
8	整机	拆检	全机清洁，外表除锈补漆；按润滑表进行润滑

三、主要故障及排除方法(表 5-7)

表 5-7　主要故障及排除方法

故障现象	原因	排除方法
电机只有嗡嗡响声，但不转	1. 一相断电； 2. 开关接触不良	1. 接通电源； 2. 修磨接触点
弯曲钢筋无力	V 形带松弛	调整间距，松紧适宜
运转吃力 噪声过重	1. V 形带过紧； 2. 润滑部位缺油	1. 调整 V 形带； 2. 加注润滑油
运转时有异响	1. 螺栓松动； 2. 轴承松动	1. 紧固螺栓； 2. 检修或更换
机械渗油或漏油	1. 蜗轮箱加油过多； 2. 各个封油部件失效	1. 放掉多余的油； 2. 重新封闭
工作盘只能向一个方向转动	转向开关失灵	断开总开关后检修
被弯曲的钢筋在滚轴处打滑	1. 滚轴直径过小； 2. 垫板的长度和厚度不够	1. 选用小的滚轴； 2. 更换较长的垫板

第六章　混凝土搅拌机

第一节　概　　述

混凝土搅拌机是对混凝土的组成材料进行拌和的专用设备。混凝土的强度不仅和组成材料的性能与配合比有关,同时还取决于拌和的均匀性。采用机械搅拌,不仅能提高搅拌速度和拌和料的均匀度,使混凝土强度提高20%～30%,而且能大大地减轻劳动强度并提高生产效率。尤其在混凝土浇筑量大的水坝、桥梁等大型工程中,混凝土需求量只有通过机械搅拌才能满足,这是人工搅拌无法企及的。因此,搅拌机械是制备混凝土的必要设备。

一、主要机构组成

搅拌机械的出厂形式主要有两种:一种是作为建筑施工现场独立使用的搅拌机,锥形反转出料搅拌机是目前产量最大的搅拌机(图6-1);另一种是作为混凝土生产厂或混凝土搅拌楼(站)使用的配套主机。

混凝土搅拌机单机主要是由以下5个机构组成:

(1) 搅拌机构

搅拌机构是混凝土搅拌机的主要工作机构,由搅拌筒叶片和搅拌铲等组成。

(2) 传动装置

传动装置是向搅拌机各工作机构传递力和速度的系统。一般由皮带、摩擦轮、齿轮、链轮和轴等传动元件组成的机械传动系统和内液压元件组成的液压传动系统两大类。

(3) 上料机构

上料机构是指向搅拌筒内装入混凝土物料的设施,一般有卷扬提升式漏斗和翻转式料斗两种形式。

(4) 配水系统

配水系统的作用是按照混凝土的配合比要求定量供给搅拌用水。

(5) 卸料机构

卸料机构是将搅拌好的匀质熟料混凝土从搅拌筒中卸出的装置。卸料机构

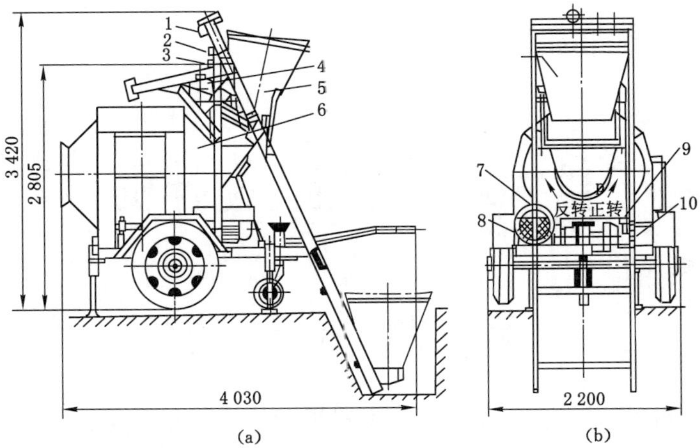

1—料斗下降终点行程开关;2—料斗上限位行程开关;3—限位开关;4—水箱;
5—料斗;6—搅拌筒;7—提升料斗电动机;8—搅拌用电动机;9—行星摆线针轮减速机;10—绳轮。

图 6-1　JZ350 型锥形反转出料搅拌机

(a) 侧视图;(b) 正面剖视图

主要有溜槽式、螺旋叶片式和倾翻式三种形式。

二、技术性能

锥形反转出料搅拌机主要技术性能见表 6-1。

表 6-1　锥形反转出料搅拌机主要技术性能

技术参数	型号					
	JZ150	JZ200	JZ250	JZ350	JZ500	JZ750
出料容量/L	150	200	250	350	500	750
进料容量/L	240	320	400	560	800	1 200
搅拌额定功率/kW	3	4	4	5.5	10	12
每小时工作循环次数不少于	30	30	30	30	30	30
骨料颗粒最大粒径/mm	60	60	60	60	80	80

第二节　混凝土搅拌机的使用

一、搅拌要求

(一) 投料顺序

1. 一次投料法

向搅拌机加料时应先装沙子,然后装入水泥,使水泥不直接与料斗接触,避免水泥黏附在料斗上，最后装入石子。提起料斗将全部材料倒入拌桶中进行搅拌，同时开启水阀，使定量的水均匀喷洒于拌和料中。

2. 二次投料法

混凝土搅拌二次投料法，也称先拌水泥浆法或水泥裹沙法。即制备混凝土时将水泥和水先进行充分搅拌制成水泥净浆，或将水泥、沙子、水先搅拌，制成水泥沙浆，然后投入石子，再进行搅拌。这种方法称为二次投料法。二次投料法搅拌出的混凝土比一次投料法搅拌出的混凝土强度可提高 10%～15%。

二次投料法是在不增加原料（主要是水泥）的情况下，通过投料程序的改变，使水泥颗粒充分分散并包裹在沙子表面，避免小水泥团的产生，因而可以提高强度。

实验资料表明，采用二次投料法搅拌混凝土，在减少水泥用量 15%时，仍比一次投料法（不减水泥）28 d 强度提高 9%。

（二）搅拌时间

搅拌时间是指将全部材料投入搅拌筒开始搅拌起至开始卸料止所经历的时间。它与混凝土的和易性要求、搅拌机的类型、搅拌容量、骨料的品种及粒径有关。搅拌时间的长短直接影响混凝土的质量，一般为 1～2 min。搅拌时间过短，混凝土拌和物不匀，且强度与和易性降低；搅拌时间过长，不仅会影响搅拌机的生产效率，而且会降低混凝土的和易性或使不坚硬的粗骨料在大用量搅拌机中因脱角、破碎等影响混凝土的质量。混凝土全部原材料投入搅拌筒到开始卸料止的最短搅拌时间应符合表 6-2 的规定。

表 6-2　混凝土搅拌的最短时间　　　　单位：s

混凝土坍落度/cm	搅拌机机型	搅拌机容积/L		
		<250	250～500	>500
≤3	自落式	90	120	150
	强制式	60	90	120
>3	自落式	90	90	120
	强制式	60	60	90

搅拌时间是按一般常用搅拌机的回转速度确定的，施工中不允许用超过搅拌机使用说明书规定的回转速度进行搅拌以缩短搅拌延续时间。因为当自落式搅拌机搅拌筒的转速达到某一极限时，筒内物料所受的离心力等于其重力，物料就会贴在筒壁上不下落，无法产生搅拌效果。

（三）配合比

混凝土施工中控制材料配合比是保证混凝土质量的重要环节之一。施工配料时影响混凝土质量的因素主要有两方面：一是称量不准；二是未按沙、石骨料实际含水率的变化进行施工配合比的换算，这样必然会改变原理论配合比的水灰比、沙石比（含沙率）及浆骨比。这些都将直接影响混凝土的黏聚性、流动性、密实性以及强度等级。

混凝土实验室配合比是根据完全干燥的沙、石骨料制定的，但实际使用的沙、石骨料都含有一定的水分，而且含水率又会随气候条件发生变化，特别是雨期变化更大，因此施工时应及时测定沙、石骨料的含水量，并将混凝土实验室配合比换算成骨料在实际含水量情况下的施工配合比。

水泥、沙子、石子、混合料等干料的配合比，应采用重量法计算，严禁采用容积法代替重量法。混凝土原材料按重量计的允许偏差，不得超过下列规定：水泥、外掺混合料±2％；粗细骨料±3％；水、外掺剂溶液±2％。

各种衡器应定时校验，保持准确。

（四）装料顺序

向料斗中装料顺序应先装石子，再装水泥，最后装沙子。这样把水泥夹在沙、石中间，上料时水泥灰不致到处飞扬，也不会过多地黏附在搅拌机鼓筒上，加水后可避免水泥吸水成团。上料时水泥和沙子很快形成水泥沙浆，这样可以缩短包裹石子的时间。

装料前还要根据施工现场使用的搅拌机型号、规格，计算每盘投料总重量即施工配料。国产混凝土搅拌机的工作容量一般为进料容量，即干料容量，是指该型号搅拌机可装入的各种材料体积总和，以此来标定搅拌机的规格。如J1-400A型搅拌机，其工作容量（即干料容量）为400 L。

搅拌机每次搅拌出混凝土的体积称为出料容量。出料容量与进料容量之比称为出料系数，一般取0.65。根据施工配合比及所用搅拌机型号计算施工配料，确定搅拌时一次投料量。投料量应根据出料量来确定。

（五）注意事项

混凝土搅拌时应注意事项见表6-3。

表6-3　混凝土搅拌的注意事项

序号	注意事项
1	严格控制混凝土施工配合比，沙、石必须严格过磅，不得随意加减用水量
2	在搅拌混凝土前，搅拌机应加适量的水运转，使料筒表面湿润，然后将多余水排干。搅拌第一盘混凝土时，考虑到筒壁上黏附沙浆的损失，石子用量应按配合比规定减半
3	搅拌好的混凝土要卸尽，在混凝土全部卸除之前，不得再投入拌和料，更不得采取边出料边进料的方法

表 6-3(续)

序号	注意事项
4	混凝土搅拌完毕或预计停歇 1 h 以上时，应将混凝土全部卸出，倒入石子和清水，搅拌 5～10 min，把粘在料筒上的沙浆冲洗干净后全部卸出。料筒内不得有积水，以免料筒和叶片生锈，同时还应清理搅拌筒以外积灰，使机械保持清洁完好

二、搅拌机使用数量要求方面

搅拌机的数量至少等于同时搅拌的混凝土品种数，对同一品种混凝土而其强度等级又相差悬殊时，也不宜共用一台搅拌机。考虑到维修设备时期的需要，还应适当增加选用的台数。成组使用时，应尽量选用同一规格、型号的搅拌机。

第三节　混凝土搅拌机的维护保养

(1) 搅拌机安装必须平稳，新机使用前应按使用说明书的要求，对各系统和部件进行检验及必要的试运转，在达到规定要求后，方能投入使用。

(2) 作业前应先进行空载试验，观察搅拌筒或叶片旋转方向是否与箭头所示方向一致。如方向相反，则应改变电机接线。反转出料的搅拌，应使搅拌筒正反运转数分钟，察看有无冲击抖动现象，如有异常噪声应立即停机检查。

(3) 每次加入的拌和料，不得超过搅拌机规定值的 90%。

(4) 混凝土搅拌完毕或预计停歇在 1 h 以上时，应将搅拌筒内的混凝土倾倒完并将石子和清水倒入料筒内，开机转动 3～5 min 后倒出，这样反复数次，把粘在筒内的堆积物清洗干净。每班工作完毕应清洗积灰和全机所黏附的混凝土。下班时应切断电源，锁好电气箱。冰冻季节应将供水系统内各处剩水排出。

(5) 每班至少向扩张器(推锥)及缸套加 4 次油，每周向各油杯加注润滑油，每月检查齿轮箱油面，必要时加注和更换新油。

(6) 进料离合器内外刹车带如已磨损到不能使用应换用新件，拖行前应检查牵引机构和前支轮是否损坏或弯曲。

(7) 机器正常工作 4 000 h 后，应进行大修。

第七章 混凝土振动器

第一节 概 述

在现浇钢筋混凝土结构的施工中，混凝土浇入模板后，由于骨料间内摩擦力和水泥浆的黏结力的作用，不能自动充满模板，其内部是疏松的，有一定体积的空洞和气泡，不能达到要求的密实度，这将影响其强度、抗渗性和耐久性。因此在混凝土入模之后，必须进行捣实，以保证混凝土的密实性，并充满模板，达到设计要求的形状和尺寸。

混凝土捣实的方法有人工捣实和机械振捣。机械振捣是使用振动器对混凝土施以强迫振动。在振动力作用下，各颗粒因振动而互相碰撞，产生瞬时的往复运动，混凝土的内摩擦也会削弱或消失。使有内摩擦的混凝土，形成悬浮液而获得流动性，使混凝土内部颗粒互相填充密实，并充满模板各个角落。振动停止后，混凝土又重新恢复其凝聚状态，逐渐凝结硬化。机械振捣比人工捣实效果好，混凝土强度可以提高，水灰比可以减小。

混凝土入模后，处于松散状态，内部存在很多空隙，不经振捣而硬化的混凝土，不仅不能很好填满模具，而且其强度和对钢筋的握裹力都不能达到设计和使用要求。只有通过振捣，才能使混凝土充满模板的各个边角，并把混凝土内部的气泡和部分游离水排挤出来，使混凝土密实，表面平整，从而使强度等各种性能均符合设计要求。

一般来说，振捣时间越长，力量越大，混凝土越密实，质量越好，但对流动性大的混凝土，振捣时间过长，会使混凝土产生泌水、离析现象。振捣时间长短应根据混凝土流动性大小而定，一般振捣到水泥浆使混凝土表面平整为止。

混凝土浇灌后应立即进行振捣。振捣的混凝土初凝后，不允许再振捣。因初凝后混凝土中水泥已硬化，内部结晶结构已形成，并已丧失可塑性，再振捣就会破坏内部结构，降低强度和钢筋间的握裹力。

一、混凝土振动器的作用

混凝土振动器又称为混凝土振捣器，是一种通过振动装置产生频繁振动从而对浇注的混凝土进行振动捣实的机具。在振捣力的作用下，降低混凝土骨料间的摩擦力和黏结力，使其在自重力作用下，充实料粒间的间隙，并挤出空气，从而使凝固后的混凝土表面光滑、平整，内部组织均匀，增强了混凝土的密度和浇注层之间的黏结力，保证了混凝土的强度，振捣的作用，不仅是保证构件质量，还有利于改善劳动条件，缩短混凝土成形时间，对提高模板使用周转率，加快施工进度等都有着极为重要的意义。因此，混凝土振捣，是混凝土施工中不可缺少的环节。

二、混凝土振动器的用途

混凝土内部振动器是指将振动器的扳动部分（如振捣棒）直接插入混凝土内部，将振动传递给混凝土使之捣实的机械。这种振动器多用于较大体积的混凝土层的振捣，如建筑物厚大的基础、梁、柱、桥墩、深井和基础现浇桩等。

三、混凝土振动器的分类

混凝土振动器，可分为：插入式（亦称“内部振动器”）、外部式（亦称“附着式振动器”）、表面式（亦称“平面振动器”）。其中内部振动器，由于传动机构的不同，又有软轴式、硬轴式和锤式几种，其中以电动软轴式应用最为广泛。

四、混凝土振动器的基本组成

电动软轴偏心式振动器见图 7-1。它由机体（电动机）、增速机构、传动软轴、振动棒等四大部分组成。其构造特点是振动体用传动软轴与驱动部分联系，形成柔性连接，这样可以最大限度地减轻操作人员的持重，并且传动软轴允许在一定范围内的各向挠曲。因此，振动体能从任何方向穿过钢筋骨架而插入混凝土中，使操作方便。

电动软轴偏心式振动器，一般使用一极交流异步电动机。为了提高振动棒内的偏心振动子的转速（振动频率），在电动机输出轴及端盖内设有增速机构（图 7-1）。在电动机转子轴的左端，安装一个与增速小齿轮相啮合的、传动比为 0.1 的大齿轮，组成增速机构，这样，当电动机运转后、大齿轮带动软轴端的小齿轮，使软轴的转速比电动机转速快一倍，达到了小频振捣器的振动频率。

振动捧是偏心式振动棒的工作部分，棒体用无缝钢管制成，棒内装有偏心式振动子（图 7-1）。振动子两端安装在棒体内的两端滚动轴承的内环上，在软轴带动下，产生偏心振动力，传给振壳捣实混凝土。

软轴传动机构是传动振动子，是振动棒工作的机构，操作时亦当作手把。它由钢丝软轴、金属蛇形软管、橡胶套管、保护弹簧、软轴丝头、软轴接头、胶管接头和插头等主要部件组成，见图 7-2。

软轴是由四层以上的钢丝交错卷绕而成的。软轴传动时的旋转方向应使外

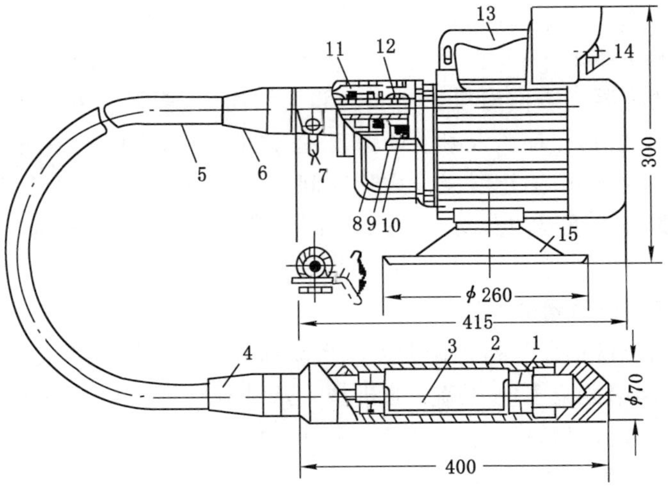

1—轴承；2—振动棒；3—偏心振动子；4，6—软管接头；
5—软轴；7—软管紧锁扳手；8—增速器；9—电动机转子轴；
10—胀轮式防逆装置；12—增速小齿轮；13—提手；
14—电源开关；15—回转底盘。

图 7-1　电动软轴偏心式振动棒构造示意图

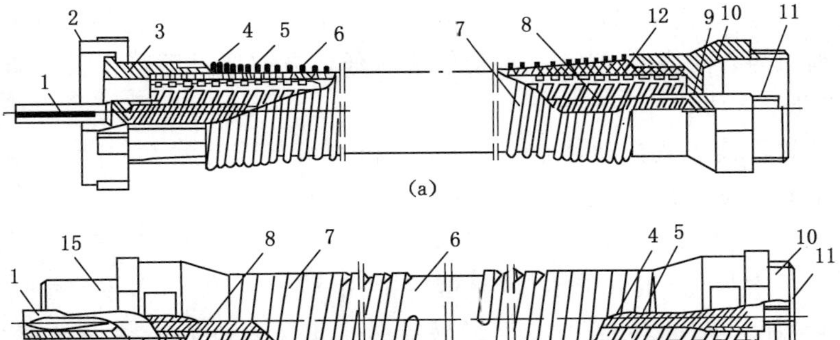

1—软轴接头；2—压紧螺母；3—压盖；4—衬簧；5—金属蛇形软管；
6—橡胶套管；7—保护弹簧；8—钢丝软轴；9—毛毡油封；10—胶管接头；
11—软轴丝头；12—胶管插头；13—卡箍；14—套管；15—插头。

图 7-2　软轴传动机构

(a) 插入连接的结构形式；(b) 卡箍连接的结构形式

层越转越紧，而将内层钢丝包紧，否则会使股丝扰乱而损坏。软轴外面的软管作为软轴的轴承，承受着钢丝软抽的作用力，并有防污、防伤、润滑的功用。软管是用断面形状特殊的钢带绕成的螺纹管，相互搭扣，在搭接处填石棉绳，使软轴既能挠曲又能密封，防止润滑剂外泄和水泥浆内渗。软轴接头用来使钢丝软轴两端分别与驱动轴和振动子相连接，而胶管接头则用来使胶管两端与驱动装置相振动的壳体相连接，胶管接头也是软轴接头的支承体。

电动软轴偏心式振动棒的缺点是振动子的振动力直接作用在两端轴承上，并通过滚动轴承将离心振动力传给振动棒形成环形振波而捣实混凝土。因此，滚动轴承的工作条件极差，极易发热和磨损，耐用度低。为了提高偏心振动子的振动频率，须增设齿轮增速机构，使整个机构趋于复杂。再有，从混凝土振捣效率来看，软轴偏心式的振动器振动频率还偏低，振捣效率不高，因此，这种振动器已逐渐被电动软轴行星式振动器代替，见图 7-3。

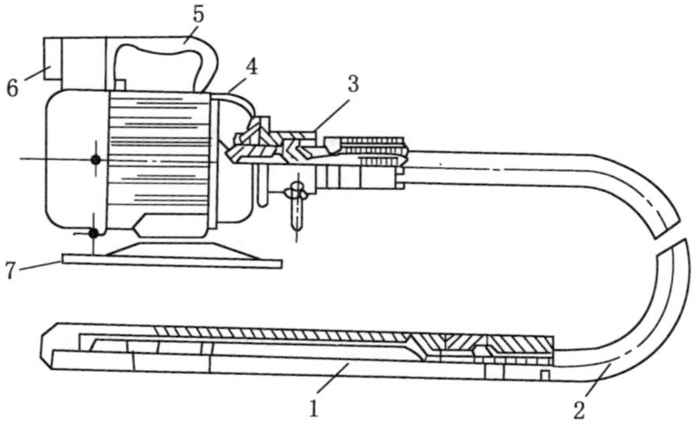

1—振捣棒；2—软轴；3—防逆装置；4—电动机；
5—握把；6—电动机开关；7—电动机回转支座。

图 7-3　软轴行星式振动器

第二节　振动棒的使用要点

一、使用前检查

(1) 电动机接线是否正确，接地是否完好可靠，应注意随时检查。

(2) 导线外皮有无破损或漏电的现象。

(3) 振动棒连接是否牢固和有无破损，传动部分两端壳上的螺栓是否拧紧，软轴接头是否接好。

二、接通电源和试运转

(1) 电动机的运转方向为顺时针方向(从风罩端看)上的红色箭头所表示的方向要一致。

(2) 当软轴传动与电机结合紧密后,电动机启动时如发现软轴不转动或转动速度不稳定,防逆装置发出“咔哒”响的声音,则说明电动机旋转方向反了,应立即切断电源,将二相电源的任意电线交换位置。

(3) 电动机运转正确时振动棒应发出“呜”的声音,振动稳定而有力;如果振动棒只发出“哗哗”声而不振动,可以将机头摇晃几下或将振动棒的尖头对地面轻磕一两下,待振动棒发出“呜”的声音,振动正常以后方能插入混凝土内振捣。

三、振动作业

(1) 作业中应使振动棒自然沉入混凝土,一般应垂直插入,并插到下层尚未初凝层中 5～10 cm,以促使上下层相互胶合。

(2) 插入式振捣器振捣时,除了做到快插慢拔外,振动棒各插点间距应均匀,不要忽远忽近。一般间距不应超过振动棒有效作用半径的 1.5 倍。

(3) 振动棒在混凝土内振密的时间,一般每插点振密 20～30 s,以混凝土不再显著下沉,不再出现气泡,表面翻出水泥浆和外观均匀为止。在振密时应将振动棒上下抽动 5～10 cm,使混凝土振密均匀;棒体插入混凝土的深度不应超过棒长 2/3～3/4,以免因振动棒不易拔出而导致保护软管损坏;严禁将保护软管插入混凝土中,以防沙浆侵蚀保护软管及沙浆渗入软管而损坏机件。

(4) 使用插入式振捣器时,应避免将振动棒触及钢筋、芯管及预埋件,不得采用振动棒振动钢筋的方法来促使混凝土振密,以免因振动使钢筋位置变动,降低钢筋与混凝土之间的黏结力。

(5) 振捣器作业时,保护软管弯曲半径应大于规定数值,软管不得有断裂。钢丝软轴使用 200 h 后应更换,若软管使用时间过长,长度变长时应进行修复或换新。

(6) 振捣棒工作时间不宜过长,更不能长时间空转,否则易引起振动棒发热。一般每工作 30 min,应停歇几分钟,降温后再使用。冬季低温下,振捣器作业前应缓慢加热,待棒内的润滑油解冻后,再投入作业。

(7) 振动器用完后,应清理各部分的表面、软轴与振动棒连接处以及各连接件。防止水泥浆粘上,以免螺纹被胶结,影响拆装检查。振动器清理完毕后应妥善放置,不要堆压软管,应平直放好,以免变形,防止电动机受潮。

第三节　维护保养

一、常见故障及排除方法(表 7-1)

表 7-1　常见故障及排除方法

故障现象	故障原因	排除方法
电动机定子过热,机体温度过高(超过额定温度)	1. 工作时间太久; 2. 定子受潮,绝缘程度降低; 3. 负荷过大; 4. 电源电压过大,过低,时常变动及三相不平衡; 5. 导线绝缘不良,电流流入地中; 6. 线头接头不紧	1. 停止作业,让其冷却; 2. 立即干燥; 3. 检查原因,调整负荷; 4. 用电压表测定,并进行调整; 5. 用绝缘布缠好损坏处; 6. 重新接紧线头
电动机有强烈的钝音,同时发生转速降低,振动力减小	1. 定子磁铁松动; 2. 一相保险丝断开或内部断裂	1. 应拆除检修; 2. 更换保险丝和修理断线处
电动机线圈烧坏	1. 定子过热; 2. 绝缘严重受潮; 3. 相间短路,内部混线或接线错误	必须部分或全部重绕定子线圈
电动机或把手有电	1. 导线绝缘不良漏电; 2. 定子的绝缘破坏	1. 用绝缘布包好; 2. 检修绕圈
开关冒火花,开关保险丝易断	1. 电线短路或漏电; 2. 绝缘受潮,绝缘强度降低; 3. 负荷过大	1. 检查修理; 2. 进行干燥; 3. 调整负荷
电动线滚动轴承损坏,转子、定子互相摩擦	1. 轴承缺油或油质不好; 2. 轴承磨损而致损坏	更换滚动轴承
振捣棒不运转	1. 电动机转向反了; 2. 单向离合器部分机体损坏; 3. 软轴和机体振动子之间接头处没有接合好; 4. 钢丝软轴断裂; 5. 行星式振动子柔性铰损坏或滚子与滚道间有油污	1. 需改接线(交换任意两相); 2. 检查单向离合器,必要时加以修理或更换零件; 3. 将接头连接好; 4. 重新用焊锡焊接软轴; 5. 检修柔性铰和清除滚子与滚道间的油污,必要时更换橡胶油封

二、振动棒维护与保养

(1) 振动棒在使用 100 h 后应拧开软管接头(左旋螺纹),拆洗轴承,加注润滑油脂(熔点较高的润滑脂)。加注油脂量不宜过多,一般以均匀涂满即可。振动棒管内油封以下的空间应保持非常清洁,必须无油污、油膜,无水分。

(2) 在运行中如发现软轴转动而振动棒不振或振动无力(即所谓打滑现象),原因多是棒头内有水分渗入,或有油漏入滚道,此时必须将整个棒头拆开,拆装时先拧下尖头和软管接头,再将软轴接头拧开把滚锥露出端垂直向下,然后在木垫板上轻轻一墩即可将滚锥连同轴承、油封等零件一起推出,再用清洁汽油清洗棒内各零件。同时检查油封及"O"形密封圈有无损坏,如发现损坏,应立即更换,见图 7-4。

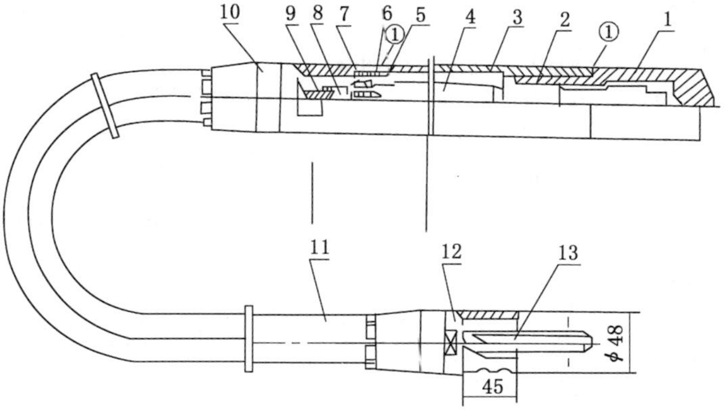

1—尖头;2—滚道;3—套管;4—滚锥;5—油封;6—油封座;
7—轴承;8—软轴接头;9—软轴;10—软管接头;11—软管;
12—软管插头;13—圆形插头;①—"O"形密封圈。

图 7-4 振动棒示意图

振动棒重新装配时,滚锥、滚道、套管等零件以及尖头内腔均应以干净棉纱抹净,滚锥、滚道摩擦处用沙布打亮不可涂油。尖头螺纹与软管接头螺纹应涂上白铅油(密封胶),安装时先将软轴接头螺纹与滚锥拧紧,再将软管接头连接,然后装上尖头,全部安装完毕后,方可进行运转,发出正常运转声音即可继续投入使用。

三、软管和软轴的维修与保养

(1) 软管经过一定时间使用后,会发生管体磨损或伸长,致使软轴接头不能与电机连接,此时可将一端的软管接头锥套拆下,根据需要长度,适当截出一段,然后重新装上,继续运行。

(2) 软轴在使用 100 h 后应从软管内取出,清洗擦干,再涂上高熔点润滑脂,不要一次涂多,否则会导致振动棒漏油打滑。

四、电机的维护与保养

(1) 电机工作 200 h 后进行检修一次，拆洗轴承，加润滑油（可用 3# 锂基脂），电机内部须进行清除灰尘杂物，见图 7-5。

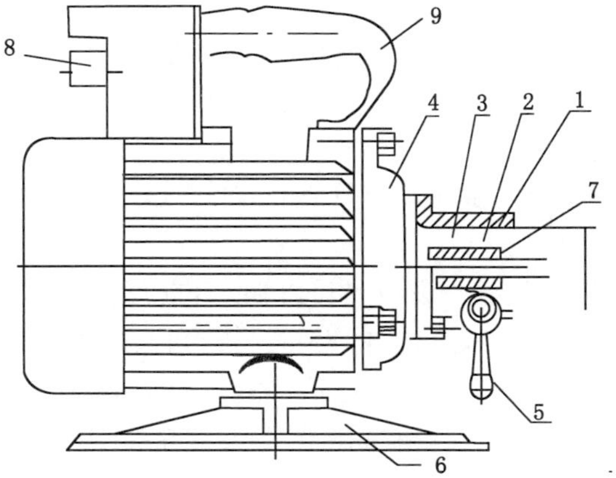

1—连接座；2—防逆装置；3—主轴；4—电动机；
5—偏心紧手；6—底盘；7—卡簧；8—开关；9—提手。

图 7-5　电机示意图

(2) 防逆装置工作 200 h 后应拆出检查并清洗，如发现损坏，须进行修理。

(3) 电机在运转中，如发现保险丝熔断，必须查明原因，是否存在过载或其他线路故障，根据查出原因，更换保险丝，其容量规格应符合规定，切勿安装容量过大的保险丝而失去保险丝的作用。

(4) 智能型振动器能够在过载、过流、过压、欠压、缺相的非正常状态下自动保护。

在使用过程中，若停机休息 5～8 min 后不能正常启动，应请专业电工检查是否过载、过流、过压、欠压、缺相等。

(5) 维修时，应将振动器送交专业维修人员，必须使用同样的备件进行更换，确保所修理的振动器的安全性，见图 7-6。

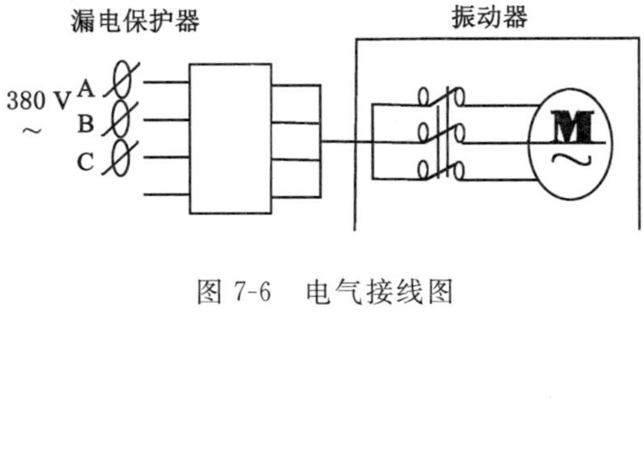

图 7-6　电气接线图

参考文献

[1] 安书科. 建筑机械使用与安全管理[M]. 2 版. 北京:中国建筑工业出版社,2019.
[2] 陈裕成,李伟. 建筑机械与设备[M]. 3 版. 北京:北京理工大学出版社,2009.
[3] 段淑娟. 建筑机械设备操作实务[M]. 北京:知识产权出版社,2020.
[4] 高文安. 建筑施工机械[M]. 武汉:武汉理工大学出版社,2000.
[5] 张青,宋世军,张瑞军. 工程机械概论[M]. 北京:化学工业出版社,2008.
[6] 朱学敏. 混凝土、钢筋加工机械[M]. 北京:机械工业出版社,2003.